Klaus Joachim Zülch · Otfrid Foerster, Arzt und Naturforscher

Otfrid Foerster · Arzt und Naturforscher

9. 11. 1873 — 15. 6. 1941

von Klaus Joachim Zülch

Springer-Verlag Berlin Heidelberg GmbH 1966

KLAUS JOACHIM ZÜLCH
apl. Professor der Neurologie und Psychiatrie an der Universität Köln
Direktor der Abteilung für Allgemeine Neurologie am Max-Planck-Institut für Hirnforschung und der
Neurologischen Klinik der Städtischen Krankenanstalt Köln-Merheim

ISBN 978-3-662-26881-0   ISBN 978-3-662-28348-6 (eBook)
DOI 10.1007/978-3-662-28348-6

© Springer-Verlag Berlin Heidelberg 1966
Ursprünglich erschienen bei Springer-Verlag Berlin . Heidelberg 1966

Einleitung

Am 15. Juni 1966 jährt sich zum 25. Male der Todestag von OTFRID FOERSTER. FOERSTER war einer jener Wissenschaftler, die schon in jungen Jahren zu internationaler Anerkennung gekommen sind. Er muß unter den größten deutschen Neurologen und den bahnbrechenden Neurophysiologen unseres Landes genannt werden und steht in einer Reihe mit den Großen der Welt, die das Bild der Neurologie geprägt haben, mit HUGHLINGS JACKSON, CHARCOT, DUCHENNE DE BOULOGNE, DEJERINE, ERB, Sir HENRY HEAD und v. MONAKOW. Obwohl Kliniker, war er wie SHERRINGTON ein Meister der Physiologie und Pathophysiologie des Nervensystems.

Wie von einem Dämon besessen, hat sich FOERSTER in unermüdlicher Arbeit erschöpft, um sein fast übermenschlich großes Werk zu Lebzeiten zu vollenden. Dieses Werk wird noch auf lange Zeit für die Neurologie bestimmend bleiben.

Dem Springer-Verlag ist es zu danken, daß dieses kleine Werk gedruckt werden konnte, um auf der gemeinsamen Jahrestagung der Deutschen Gesellschaft für Neurologie und der Deutschen Gesellschaft für Innere Medizin das Bild FOERSTERs noch einmal aufleben zu lassen.

OTFRID FOERSTER und der *Wiesbadener Kongreß:* Die Beziehungen zur Deutschen Gesellschaft für Innere Medizin hat FOERSTER besonders gepflegt, als ihm 1934 durch die Auflösung der „Deutschen Gesellschaft für Nervenheilkunde" der Platz genommen war, wo er mit seinen großen Referaten zur Deutschen Neurologie und zur Weltwissenschaft sprechen konnte. Seit er 1934 in Wiesbaden mit seinem Referat über die „Bedeutung und Reichweite des Lokalisationsprinzips im Nervensystem" einen Überblick über sein Lebenswerk gegeben und dadurch den Kontakt zur Deutschen Gesellschaft für Innere Medizin gefunden hatte, gehörte der jährliche Beitrag OTFRID FOERSTERs zu den Höhepunkten dieses Kongresses. Erinnert sei an die Vorträge über die „Anatomie, Physiologie und Pathologie der Pupillarinnervation" (1936), über die „Vegetativen Regulationen" (1937) und die „Operativ-experimentellen Erfahrungen beim Menschen über den Einfluß des Nervensystems auf den Kreislauf" (1939). Viele der heute noch lebenden Internisten werden sich dieser wissenschaftlich stets anregenden, interessanten und so lebendigen Vorträge erinnern, und sie werden noch die großartige Redekunst und die Stimme OTFRID FOERSTERs im Ohr haben. Ihnen, wie auch den jüngeren, die OTFRID FOERSTER persönlich nicht mehr kennengelernt haben, soll dieses Buch das Bild seines Lebens und sein gewaltiges wissenschaftliches Werk in seinen Höhepunkten noch einmal wiedergeben.

Seine Arbeiten sollen für ihn sprechen. Aber auch die Nachrufe, kurze Zeit nach seinem Tode geschrieben, zeichnen ihn so lebendig, wie es heute kaum mehr möglich ist. Am Anfang steht eine kurze Biographie mit einigen persönlichen Erinnerungen an FOERSTER. Sie soll die Auszüge aus seinen wissenschaftlichen Arbeiten und aus seinen Nachrufen in einen inneren Zusammenhang bringen.

Köln, Dezember 1965   K. J. ZÜLCH

Inhaltsverzeichnis

VIII

A. Biographie Otfrid Foersters

KARL OTFRID FOERSTER wurde am 9. November 1873 in Breslau geboren. Sein Vater hatte sich vom Gymnasiallehrer zum ordentlichen Professor der „klassischen Philologie, Archäologie und Eloquenz" emporgearbeitet; er war ein Mensch von großer Bildung und sprach wie mancher Angehöriger seiner Generation noch das Lateinische wie eine lebendige Sprache. Von ihm hat OTFRID FOERSTER wohl die große Begabung der Rede geerbt.

Das Abiturienten-Examen bestand er 1892, nachdem er immer zu den besten Schülern der Klasse gehört hatte. Geschichte, klassische Sprachen und Mathematik waren seine Lieblingsfächer. Besonders im letzten Fach war er seinen Mitschülern weit überlegen. Im Deutschen und Aufsatzschreiben soll er merkwürdigerweise unbeholfen, ja fast schlecht gewesen sein, was bei seinen späteren schriftstellerischen und rethorischen Leistungen verwundern muß. Er hatte auch musische Neigungen: er lernte autodidaktisch Flöte, ging gern ins Theater und hatte eine besondere Freude am Komödienspiel. Diese Freude an burlesker Komik machte sich auch in seinem späteren Leben gelegentlich bemerkbar.

Der Student:

Wegen seiner besonderen Begabung war OTFRID von seinen Lehrern zum Studium der Philologie ermuntert worden. Er aber wählte die Medizin und die Naturwissenschaften als Studienfach. Er hatte schon früh Freude an der Naturbeobachtung gehabt, hatte als Kind Schmetterlinge gesammelt, botanisiert und eine große Steinsammlung angelegt. Was ihn in seinem zweiten Semester bewog, die Medizin nunmehr als Hauptfach zu wählen, wissen wir nicht. 1892—1896 studierte er in Freiburg, Kiel und Breslau und bestand dort 1897 das Staatsexamen. Als Student suchte er viel Kontakt mit seiner Umwelt, ging oft in Gesellschaften und soll ein vorzüglicher Tänzer gewesen sein. Aber so sehr er auch am Leben teilnahm, die Arbeit stand schon früh im Mittelpunkt seines Denkens. Die Examina hat er mit Glanz bestanden: Im Physikum bedauerte der Physiologe HEIDEN-HAIN, daß er selbst durch die Note „sehr gut" den Leistungen FOERSTERs nicht gerecht werden könne.

Der Assistent:

Als Student hatte FOERSTER einige Zeit in der Heil- und Pflegeanstalt LEUBUS gearbeitet, an der auch der große Psychiater KRAEPELIN vorübergehend als Oberarzt tätig war. Durch das Kolleg kam er in Breslau mit WERNICKE in Kontakt. So entstand wohl seine engere Beziehung zur Neurologie.

Auf WERNICKES Vorschlag ging FOERSTER nach Vollendung seiner Doktorarbeit für

2 Jahre ins Ausland; die Winter verbrachte er in Paris bei DEJERINE, wo er auch PIERRE MARIE und BABINSKI kennenlernte; im Sommer war er bei FRENKEL-Heiden in der Schweiz, um dort die Übungstherapie Nervenkranker zu studieren. Mit ihm hat er seine ersten wissenschaftlichen Arbeiten in der Neurologie verfaßt.

Es ist interessant zu sehen, daß FOERSTER am Anfang seiner ärztlichen Laufbahn — trotz seiner hohen analytischen Gaben, die ihn später so sehr zu den Grundlagenwissenschaften zogen — mit der Lösung eines Problems der „praktischen Therapie" Nervenkranker begann. Diese steckte damals noch in den Kinderschuhen. Er versuchte, die wissenschaftlichen Grundlagen einer solchen praktischen Behandlung zu erarbeiten und nie wieder hat er das Interesse an diesem Thema verloren. Heute steht die „Übungstherapie" im Mittelpunkt der „Rehabilitation".

In dieser Zeit der Arbeit war er keineswegs weltfremd. Er genoß den Aufenthalt in Paris, war beliebt als guter Gesellschafter und als Tennisspieler, war bekannt durch sein elegantes Äußeres. Auch hat er in Paris Gesellschaft und Theater in vollen Zügen genossen.

Nach Breslau zu WERNICKE zurückgekehrt, stand allerdings die wissenschaftliche Arbeit an seiner Habilitation ganz im Mittelpunkt. Damals hat er seine spätere Frau MARTHA — noch 16-jährig — kennengelernt und mit ihr und ihren Schwestern manche Stunde Tennis gespielt. Im Winter lief man gemeinsam Schlittschuh, auch begleitete OTFRID die Mädchen zu den Bällen. Bald war er mit der als Schönheit bekannten MARTHA verlobt. Doch wurde die Verlobung erst nach seiner Habilitation bekanntgegeben. Nach $1^{1}/_{2}$-jähriger Ehe wurde ihm eine Tochter geboren, die aber in früher Kindheit und ganz plötzlich, ohne jede vorherige Krankheit, starb.

Der unerwartete Tod des Kindes hat wahrscheinlich in FOERSTERs Leben eine entscheidende Wende bedeutet und ihn im tiefsten Inneren getroffen. Wohl um zu vergessen, warf er sich jetzt ganz in die wissenschaftliche Arbeit und hat niemals so wie früher in der Familie gelebt, auch als ihm später zwei Töchter geboren wurden. Seine Mitmenschen meinten, „daß er selten aus sich heraus ging", bei ihm sei eben wie bei seinem Vater „alles nach innen gekehrt". Die früher bei ihm noch sehr ausgeprägte Neigung zum extrovertierten Kontakt mit den Menschen seiner Umgebung hat er wohl damals mit dem ersten Kinde begraben. Man sah sie beim alternden FOERSTER nur noch hier und da als Gastgeber im Hause, draußen im gesellschaftlichen Leben oder auf Kongressen anklingen. Wahrscheinlich trieb ihn auch das stolze Bewußtsein, daß er sehr frühzeitig in seiner Arbeit eine internationale Anerkennung gefunden hatte, wie sie seinen Altersgenossen nicht zuteil wurde. So lebte er nur noch dem Krankenhaus, dem Forschungslaboratorium und der internationalen wissenschaftlichen Diskussion, obwohl man immer wieder mit

4

Erstaunen feststellen mußte, wie vielseitig FOERSTER in seinen Interessen geblieben war. In Gesprächen über klassische Literatur, Fragen der Geologie, der Geschichte Schlesiens und viele andere Themen offenbarte er ein fundiertes Wissen.

Der Arzt und Wissenschaftler:

Die Bedeutung FOERSTERs für die Wissenschaft wird man wahrscheinlich erst dann voll würdigen können, wenn man die Situation der Neurologie zu seiner Zeit noch einmal analysiert: Sie begann sich gerade aus der inneren Medizin (CHARCOT, ERB, GOWERS) und der Psychiatrie (WERNICKE, MEYNERT, ANTON) zu entwickeln. In der Inneren Medizin bemühte man sich damals, die neurologischen Krankheiten zu sondern und zu beschreiben und so eine systematische „Nosographie" zu schaffen. Dafür ist die wissenschaftliche Arbeit ERBs ein typisches Beispiel. In der Psychiatrie versuchte man, wenn man Neurologie trieb, besonders aus der neurologischen Krankheit eine Funktionsanalyse zu treiben und Funktion und morphologisches Substrat in Beziehung zu setzen (BROCA, WERNICKE, DEJERINE).
Die analysierende Neurophysiologie der FRITSCH, HITZIG und FERRIER wurde eher in der Physiologie oder in der Chirurgie als in der Neurologie verfolgt. Bakteriologie und Serologie, die die entzündlichen Krankheiten des Nervensystems in ihrer Ätiologie und Pathogenese hätten klären können, standen gerade in der ersten Entwicklung. Die Spirochäta pallida war noch nicht einmal entdeckt. Der alte Streit zwischen ERB, FOURNIER und LEYDEN über die spezifische Entstehung der Tabes war noch nicht entschieden.
In dieser Zeit hat sich FOERSTER klar zu der jungen, funktionell und morphologisch interessierten „lokalisatorischen" Richtung in der Neurologie bekannt. Man trifft hier wohl den Einfluß WERNICKEs, mit dem er 1903 auch einen Atlas des Gehirns herausgegeben hatte. Die deskriptiv-nosologische Neurologie, die ihm aus seiner Pariser Lehrzeit gut bekannt war, hat ihm Zeit seines Lebens wenig bedeutet.
Wir erfuhren oben von dem Thema, dem sich FOERSTER in seinen ersten Jahren widmete und das für sein weiteres Leben bestimmend blieb: der „Übungstherapie" bei der tabischen Gangstörung. Damals stellte noch die Tabes dorsalis mit ihren Folgeerscheinungen einen großen Teil des neurologischen Krankengutes. Die Fragen ihrer Behandlung waren tatsächlich vordringlich, die medikamentöse Behandlung dieser Krankheit gegenüber noch weitgehend machtlos. So war die „Übungstherapie" der einzige Versuch, diesen Unglücklichen zu helfen.
Man hat sich später oft gefragt, ob FOERSTER wirklich ein großer Arzt gewesen ist oder ob man ihn nicht vor allem unter die großen Wissenschaftler und Naturforscher einreihen

müsse. Mir scheint die Frage müßig oder falsch gestellt. Sicher war FOERSTER nicht der
warmherzig gütige Arzt, wie man ihn sich als das Ideal wünschen mag. Aber seine praktisch-therapeutische Tätigkeit bildete immer einen großen Ausschnitt in seinem ärztlichen
Leben. Immer war er der von den Patienten gesuchte Arzt.
Vergessen wir nicht, daß seine erste Studie der „praktischen Therapie" in der Neurologie
gewidmet war und das zu einer Zeit, in der die Schulen von London und Paris sich im
wesentlichen mit der *Diagnose* zufriedengaben, in der *Therapie* aber zu einer völligen
Resignation neigten. Später ist man allzu leicht geneigt gewesen, den analytischen Teil
der Arbeiten FOERSTERs als das eigentlich Wesentliche anzusehen. Daß die pathophysiologische Analyse ihm aber nur zur Lösung eines *Behandlungs*-Problems diente, das er
vom Krankenbett kannte, daß diese Analyse später auch wieder in einem therapeutischen
Vorschlag, oft operativer Art, mündete, übersieht man allzu leicht. Es sei hier nur auf die
Studien zum Schmerzproblem hingewiesen, wo FOERSTER eine ganze Fülle von Vorschlägen zur operativen Ausschaltung hat geben können.
Kehren wir aber zurück zur chronologischen Beschreibung. In FOERSTERs wissenschaftlichem Leben folgt nun ein Thema logisch dem anderen. Die praktische Übungstherapie
hatte eine Analyse der Störungen im Ablauf der Bewegungen vorausgesetzt, d. h. der
„Koordination" (seine Habilitationsschrift von 1902). Dazu mußten die einzelnen gestörten Faktoren im sensiblen und motorischen System herausgearbeitet werden. Über die
Ergebnisse schrieb er seine erste Monographie. Er dachte dann mit präziser Logik weiter.
Die Beobachtung, daß die Hemiplegie beim Tabiker schlaff verlaufen konnte, wies ihn auf
die Bedeutung des spinalen Reflexbogens bei der cerebralen Spastik hin und legte eine
mögliche Behandlung durch Unterbrechung des sensiblen Schenkels nahe. So kam er zur
Hinterwurzeldurchschneidung, die zur Beseitigung der Littleschen Starre, der cerebralen
spastischen Diplegie empfohlen wurde. Dieser Eingriff hat als „Foerstersche Operation"
seinen Namen in der internationalen Fachwelt rasch berühmt gemacht.

FOERSTER *als Operateur:*

Als er mit der Hinterwurzeldurchschneidung zur Beseitigung der Spastik vertraut war,
fragte er sich, ob man diesen Eingriff nicht auch bei den lanzinierenden Schmerzen und
gastrischen Krisen des Tabikers anwenden könnte, um die einstrahlenden sensiblen
Impulse ganz auszuschalten. Tatsächlich schien die Durchschneidung der Hinterwurzeln
gute Erfolge zu bringen. Diese Operation beim Tabiker war der erste von FOERSTER empfohlene Eingriff zur Beseitigung von Schmerzen.
Die Hinterwurzeldurchschneidung gab ihm Gelegenheit, die Ausdehnung der sensiblen

Innervation auf der Haut, d. h. die Grenzen der Dermatome zu studieren. Hier hat FOERSTER eine für die Neurologie grundlegende Arbeit geleistet. Nach den frühen Beobachtungen von HEAD und SHERRINGTON ist FOERSTERs Studie die erste (quasi-experimentelle) Arbeit aufgrund von Beobachtungen von Hinterwurzeldurchschneidungen beim Menschen. Er hat über sie 1932 in London in der Schorstein-lecture abschließend berichtet und die Ergebnisse im Handbuch der Neurologie ausführlich zusammengestellt.

Als nach einer Hinterwurzeldurchschneidung als Operationskomplikation unerträgliche Schmerzen auftraten, wagte er es mit TIETZE gemeinsam 1912 — unabhängig von SPILLER und MARTIN, wenn auch tatsächlich 1 Jahr nach deren Publikation — den Vorderseitenstrang, d. h. die Schmerzbahn zu durchschneiden. Diese Operation gilt auch heute noch als die Standardmethode zur operativen Beseitigung von medikamentös refraktären Schmerzen. Später hat er gemeinsam mit O. GAGEL eine Studie über die Pathophysiologie des Vorderseitenstrangs abgefaßt, eine Arbeit, die auch heute noch zu den grundlegenden Untersuchungen über dieses Problem gehört.

Durch diese gemeinsamen Operationen mit TIETZE mit dem Messer vertraut, zögerte er nicht, während des Krieges die periphere Nervenchirurgie selbst aufzunehmen. Die Operation am peripheren Nerven wurde seiner Meinung nach von den Allgemeinchirurgen nicht genügend gewürdigt und vielleicht auch zu grob ausgeführt. An Hunderten von Nervennähten und Neurolysen hat FOERSTER Erfahrungen gewonnen wie keiner vor ihm. Auch der operativen Behandlung der Rückenmarksverletzten mußte er sich gegen Ende des ersten Weltkrieges selbst annehmen. Er führte die notwendigen Operationen bei den Schußverletzungen allein aus.

Das Messer, das er erfolgreich im Kriege geführt hatte, gab er im Frieden nicht mehr an den Chirurgen ab. Schon 1917 hat er über die glückliche Entfernung auch eines intramedullären *Tumors* berichten können. Es erregte Aufsehen, als er 1920 die Operationen bei 12 Patienten mit Rückenmarkstumoren beschreiben konnte, von denen bei 9 eine weitgehende Restitution eingetreten war. Auch hier enthielt der Bericht über die operative Therapie Hinweise zur Diagnostik und Pathophysiologie. Er wies auf eine verläßliche Methode zur Untersuchung der epikritischen Sensibilität und ihrer Störungszonen hin: durch Prüfung des Erkennens auf die Haut geschriebener Zahlen.

So ging die Neurochirurgie der Kriegszeit in die Aufgaben des Friedens über. Hier stellte sich das besondere Problem der operativen Nachbehandlung von Patienten mit Hirnschußnarben. Gehäuft sah man jetzt Krampfanfälle entstehen. FOERSTER versuchte durch Excision der Narbe die Anfallshäufigkeit zu senken. Diese Arbeit gab die Anregung zu den klassischen Untersuchungen über die Epilepsie und brachte schließlich als Ergebnis eine funktionelle Analyse der Hirnrinde aufgrund von Hunderten von Rindenreizungen bei der Operation. Denn jede Operation wurde von Foerster ausgenutzt, um Informationen zu gewinnen, die sonst nicht zu erhalten waren. Sie dienten aber letztlich einer Verbesserung der Diagnostik. Die daraus entspringende souveräne Beherrschung der Anatomie und Physiologie des zentralen Nervensystems hat Foerster für lange Jahre einen Vorsprung vor allen anderen Neurochirurgen in Deutschland gegeben.

Es war verständlich, daß er jetzt auch vor den Geschwülsten des Hirns nicht Halt machte, nachdem er mit der Operation der Hirnduranarbe vertraut geworden war. So sehen wir Foersters neurochirurgische Tätigkeit des 2. und 3. Jahrzehntes dieses Jahrhunderts ausgefüllt mit Operationen von Hirntumoren, wobei auch hier seine Erfolge weit über denen der Allgemeinchirurgen lagen. So glückte ihm als zweitem in der Welt die erfolgreiche Operation einer Vierhügelgeschwulst.

Das überrascht, weil seine Technik zu wünschen übrig ließ. Foerster war niemals durch eine allgemeinchirurgische Schule gegangen. Es fehlte seinen Operationen zur Freilegung des Nervensystems das schulmäßig Exakte. Diese Unschönheit des Operierens an den „äußeren Bedeckungen" wurde aber durch seine zarte und penible Arbeit wieder aufgewogen, wenn erst das nervöse Organ freilag. Merkwürdigerweise hat er die rasche Entwicklung der neurochirurgischen Technik im 3. Jahrzehnt nicht mitgemacht und keine der vielen Methoden übernommen, die ihm das Operieren hätten erleichtern können. Selbst der Aufenthalt 1930 an der Cushingschen Klinik, wobei ihn dieser zum „Chefchirurgen pro tempore" am Peter Bent Brigham-Hospital ernennen ließ, hatte ihm zwar den von Cushing entwickelten Stand der Technik gezeigt, aber nach seiner Rückkehr änderte Foerster seine Operationsweise nicht. Er arbeitete weiter ohne Silberklammern, ohne elektrischen Bohrer, ohne Sauger und ohne Diathermie mit einer manchmal geradezu hinderlichen Lagerung des Patienten auf dem alten Operationstisch. Der Kranke war unter Lokalanästhesie bei vollem Bewußtsein. Man mußte sich immer wieder wundern, wie Foerster trotzdem mit seinen schmalen und geschickten Händen, — die durch Zwirnhandschuhe über den Gummihandschuhen in ihrer Beweglichkeit eher noch gehemmt waren — jede Blutung mit Umstechungen und Unterbindungen, mit Muskelstückchen und Tupfern zum Stehen brachte.

Die Entwicklung der aufstrebenden deutschen Neurochirurgie begleitete Foerster mit Anteilnahme. Dem ersten Neurochirurgischen Fachblatt, dem von Tönnis herausgegebenen „Zentralblatt für Neurochirurgie" widmete er ein Vorwort und stellte selbst eine Arbeit über die Ependymome zum Druck im ersten Heft zur Verfügung. Höhepunkt seines Lebens als Neurochirurg war der Besuch der Britischen Gesellschaft für Neurochirurgie,

die, von der Berliner Arbeitsstätte von Tönnis kommend, ihn in Breslau besuchte und seinem großen Referat über die Diagnostik der Hirntumoren lauschte, das er in fließendem Englisch und ohne Konzept vortrug. Anschließend wurde ihm die höchste Ehre dieser Gesellschaft zuteil, die Ernennung zum „membrum emeritum".
Otfrid Foerster ist der Letzte gewesen, der noch versuchen konnte, zugleich Neurologe und Neurochirurg zu sein. Monrad-Krohn meint, daß nur ein Titan wie Foerster beiden Fächern Gerechtigkeit zuteil werden lassen konnte.

Foerster und die *Grundlagenwissenschaften:*
Während seines Aufenthaltes in Paris war Foerster besonders von der analytischen und morphologischen Betrachtungsweise der Peripherie beeindruckt worden, wie er sie bei Duchenne und Dejerine erlebt hatte. Aber diese hatten sich in Frankreich eigentlich nicht durchgesetzt, die französische Neurologie war vielmehr durch Charcot und Pierre Marie immer mehr auf eine klinisch-semiologische Arbeitsweise ausgerichtet worden, die Kasuistik stand im Vordergrund. So hat sich später ein näherer Kontakt zwischen Foerster und der französischen Neurologie nicht ergeben. Dagegen war er von der englischen Neurologie und Neurophysiologie sehr beeindruckt. Die Untersuchung Sherringtons über die „Integrierende Aktion des Nervensystems" war neben den Arbeiten von Hughlings Jackson eine seiner Bibeln, wie er oft sagte.
Hier in der Neurophysiologie stand Foerster auch methodisch auf dem Höhepunkt, besonders, nachdem es ihm gelungen war, für diese Arbeit den begabten Altenburger zu gewinnen. Foerster und Altenburger haben als erste die Lokalisation eines Hirntumors mit dem Elektro-Corticogramm beschrieben, wobei sie gleichzeitig über mehr als 30 derartige Ableitungsuntersuchungen der Rinde unter den verschiedensten Fragestellungen berichten konnten. In dieser Zeit wurden Foersters Vorstellungen über die Leistung der Vorder- und Hinterwurzeln, der einzelnen Bahnen des Rückenmarks, der verschiedenen Hirnteile in exakten Arbeiten neurophysiologisch überprüft.
Es war die Zeit, wo Foersters Ruhm in die angelsächsische Welt gedrungen war und in der es für den jungen amerikanischen Neurologen und Neurochirurgen zu einer guten Ausbildung gehörte, bei Otfrid Foerster gewesen zu sein, ebenso wie man versuchte, einige Zeit bei Sherrington zu experimentieren. Die enge Beziehung zu den Angelsachsen ergab sich für Foerster als Wahlverwandtschaft auch aus der wissenschaftlichen Thematik heraus. Er hielt Sherrington für einen der größten lebenden Wissenschaftler. Sherrington hat andererseits Foerster für einen der größten Neurologen seiner Zeit gehalten, den er des Nobelpreises für wert hielt, „for presenting clinical neurology in its

entirety on the basis of the comprehensive knowledge of the physiology of the nervous system" (ein Jahr vor seinem Tode zu E. JOKL). 1932 hielt FOERSTER die Schorstein-Vorlesung über die Grenzen der Dermatome, 1935 wurde ihm anläßlich des 100. Geburtstages von JACKSON die goldene Jackson-Gedächtnismedaille verliehen. Es war die höchste Ehrung, die damals einem neurologischen Wissenschaftler in der Welt zuteil werden konnte. FOERSTER hielt seine Festvorlesung über die „Motorische Hirnrinde beim Menschen im Lichte der Jacksonschen Lehre". Eine bedeutsame Phase in FOERSTERs Leben war auch seine Berufung an das Krankenbett LENINs, die auf eine Empfehlung BROCKDORFF-RANTZAUS bei RATHENAU zurückging. Die Zeit von Juni 1922 bis Januar 1924 hat er mit Unterbrechungen bei LENIN verbracht. Auf Vorschlag FOERSTERs wurden für einige Wochen auch BUMKE und kurzfristig MINKOWSKI, STRÜMPELL und NONNE gebeten. Wenn FOERSTER auch aus seiner klinischen Tätigkeit gerissen wurde, so fand er in dieser Zeit einen gewissen Ersatz durch die Möglichkeit zu wissenschaftlicher Arbeit.
Die Mission FOERSTERs hatte zu ihrer Zeit große politische Bedeutung. FOERSTER selbst hat es aber auch als einen persönlichen Gewinn betrachtet, diesen außergewöhnlichen Menschen in seiner Krankheit so genau kennengelernt zu haben.
Aber hiermit sind nur einige der großen Linien im wissenschaftlichen Lebenswerk FOERSTERs angedeutet. Die Bearbeitung zahlreicher klinischer Fragen sei nur kurz erwähnt. Die nach dem ersten Weltkriege so häufigen Bilder des Parkinsonismus veranlaßten ihn zu seiner großen, heute noch interessanten und diskutablen Studie über die Pathophysiologie der Stammganglien. Als einer der ersten berichtete er über Ergebnisse mit der von BINGEL popularisierten Encephalographie. Eine Fülle von Arbeiten gemeinsam mit GAGEL beschrieben sehr sorgfältig die einzelnen Arten der Hirn- und Rückenmarkstumoren, wobei die Ganglienzelltumoren an erster Stelle standen. In den letzten Jahren widmete er sich besonders auch der Pathophysiologie und Chirurgie des vegetativen Systems und der Analyse vegetativer Bahnen zur Kontrolle von Kreislauf, Schweißbildung etc., über die er dann häufig in Wiesbaden berichtete. Durch alle diese wissenschaftlichen Untersuchungen zieht sich ein besonderer Arbeitsstil, der unten noch näher charakterisiert werden soll.

FOERSTERS *wissenschaftliche Arbeitsmöglichkeiten:*

Jahrzehntelang hat FOERSTER alle wissenschaftlichen Arbeiten selbst finanziert, was ihm durch seine weitreichende Praxis leicht ermöglicht wurde. Er ist vom Schicksal niemals verwöhnt worden, er hat sich sein Werk hart erkämpfen müssen. In den wesentlichen Arbeitsjahren wurde die Wissenschaft in den Kellern des Wenzel-Hanke-Krankenhauses betrieben oder in den durch spanische Wände abgesteckten großen Tagesräumen der klinischen Stationen. Erst 1932, als es fast zu spät war, hat ihm die Rockefeller-Stiftung ein modernes Institut gebaut, das von Stadt, Schlesischer Provinz und Universität gleichzeitig getragen wurde. Trotzdem hat FOERSTER sich allen Berufungen nach auswärts, wie auf den Heidelberger Lehrstuhl von ERB oder an das Kaiser-Wilhelm-Institut für Hirnforschung zu OSCAR VOGT nach Berlin-Buch versagt.

Gerade mit ihm hatte OTFRID FOERSTER in engem wissenschaftlichem Kontakt gestanden, als beide die Funktion der Hirnrinde untersuchten, OSCAR VOGT beim Affen, OTFRID FOERSTER bei seinen Operationen zur Entfernung der Hirnduranarbe beim Menschen. Man erzählt sich übrigens eine nette Geschichte: Sie hatten beide die gleichen Reizversuche an einzelnen Rindenabschnitten verabredet und folgendes Übereinkommen getroffen: Die Ergebnisse wurden in einem Brief fixiert und am gleichen Tag in den Briefkasten geworfen. Beide wollten sich gegenseitig in ihren Beobachtungen nicht beeinflussen.

Aber trotz dieser gemeinsamen wissenschaftlichen Interessen wäre eine Zusammenarbeit an *einem* Institut kaum möglich gewesen. Die beiden kantigen Persönlichkeiten hätten wohl niemals eine vernünftige Zusammenarbeit finden können, so wünschenswert diese auch vom Wissenschaftlichen her gewesen wäre.

Das „Neurologische Forschungs-Institut" stand nach FOERSTERs Emeritierung als „Otfrid Foerster-Institut" unter der Leitung von VICTOR VON WEIZSÄCKER, wenn auch mit anderer wissenschaftlicher Fragestellung. Es ging durch den zweiten Weltkrieg verloren. Eine „Forschungsanstalt für Neurologie", wie sie FOERSTER in seinem Institut — mit morphologischen, neurophysiologischen und neurochemischen Abteilungen — aufgebaut hatte, besitzen wir noch nicht wieder.

FOERSTERs *Stellung in der deutschen Neurologie:*

FOERSTERs überragende Stellung in der klinischen Neurologie Deutschlands war seit 1924 festgelegt. FOERSTER und NONNE waren die geistigen Führer und FOERSTER nach NONNEs Ausscheiden noch 8 Jahre lang bis 1932 auch der erste Vorsitzende der Gesellschaft Deutscher Nervenärzte. Diese Glanzzeit der deutschen Neurologie ist nicht wieder erreicht worden. In seinem Nachruf stellt v. WEIZSÄCKER mit Recht fest, daß „in jener Zeit, in der NONNE und FOERSTER diese Gesellschaft leiteten, der einem Organismus vergleichbare Aufbau von Kongreß-Verhandlungen entstand, denen nicht zu leicht etwas Vergleichbares von ähnlichen Vereinigungen an die Seite zu stellen war". Der Kongreß Deutscher Nervenärzte verdankte sein hohes Niveau nicht zum geringen Teil der Persönlichkeit und den Leistungen OTFRID FOERSTERs. Bei beiden, NONNE und FOERSTER, verbanden sich die klinisch-kasuistische Arbeitsweise des einen und die funktionell-analytische und therapeutische Richtung des anderen in für das Fach glücklicher Weise. Wie aber FOERSTER diesen Verhandlungen in den Jahren seines Vorsitzes seinen Stil aufgeprägt hat, das lassen noch heute die Kongreß-Berichte erkennen und besonders seine Ansprachen, die ihn als klassisch gebildeten, eloquenten Wissenschaftler auf der Höhe seines Könnens und Selbstbewußtseins zeigen.

Die Entwicklung brach 1934 jäh ab, als die Gesellschaft aus politischen Gründen aufgelöst und mit dem Deutschen Verein für Psychiatrie zu einer gemeinsamen Organisation verbunden wurde. Damals verlor auch die deutsche Neurologie viel durch die Auswanderung zahlreicher Kollegen, die als Leiter neurologischer Institute oder Städtischer Abteilungen dem Fach die breite Vertretung in Deutschland gegeben hatten. Nach diesem Verlust wurde für FOERSTER der Internisten-Kongreß in Wiesbaden zum Forum seiner wissenschaftlichen Tätigkeit.

Noch einmal haben die Neurologie und das deutsche Verlagswesen ihren Hochstand bewiesen, als FOERSTER gemeinsam mit BUMKE das Handbuch der Neurologie herausgab, das aber ganz FOERSTERschen Stil trägt. Dabei ergab sich für ihn die einmalige Gelegenheit, sein Lebenswerk zusammengefaßt darzustellen. Mit unglaublicher Akribie, mit einer Literaturverarbeitung, die ihresgleichen sucht, mit einer Fülle von Fallbeschreibungen, unterstützt durch sein beispielloses Gedächtnis und ein sorgfältiges Archiv, stellte er die Erfahrungen seines Lebens zusammen. Er verfaßte die fünf großen Handbuchkapitel über die „Motorischen" und „Sensiblen Felder der Hirnrinde", über „Funktion und Innervation der Muskeln", über „Übungstherapie" und als eine für diese Zeit besonders ungewöhnliche und vollkommene Studie das Kapitel über „Bau und Leistung des Rückenmarks". Damit ergänzte er seine bereits erschienenen Handbuchkapitel über die „Peripherie", die er anläßlich seines Aufenthaltes in Rußland am Krankenbett Lenins aufgrund seiner Erfahrungen mit den Verletzungen der peripheren Nerven geschrieben hatte. Die drei Ergänzungsbände des ersten Handbuches der Neurologie von LEWANDOWSKI sind auch heute noch Meisterwerke der Anatomie und der Physiologie von Muskeln und peripheren Nerven. Weniger gut durchgearbeitet ist der damals auch veröffentlichte vierte Band über die „Rückenmarksverletzungen".

Man fragt sich heute, ob FOERSTERS Leben und seine Arbeit hätten vollkommener werden können. Unveröffentlicht blieben nur Ansätze zu einem großen Werk über die Hirntumoren. Hier hatte er aber seine Art zu arbeiten in zahlreichen Veröffentlichungen gezeigt und man muß wohl heute kritisch sagen, daß er auf diesem Gebiet wahrscheinlich nicht mehr eine Pionierarbeit hätte schaffen können, wie sonst überall in seinen wissenschaftlichen Publikationen. Es wäre wohl nur eine wohlabgerundete Routinedarstellung geworden. Den ganzen Umfang seines Wissens, seines Könnens, seiner Erfahrungen aber konnte er in dem Jahrzehnt zwischen 1927 und 1937 in aller Breite für die Nachwelt erhalten.

FOERSTER und die internationale Wissenschaft:

Es ist eigenartig und vielleicht auf die Besonderheiten von FOERSTERs Persönlichkeit zurückzuführen, daß er in *Deutschland* kaum „Schule" gemacht hat. Die klinische Zusammenarbeit mit SCHWAB endete früh durch dessen Tod. Nachfolger als klinischer Oberarzt wurde LUDWIG GUTTMANN, der Deutschland später aufgrund der politischen Entwicklung von 1933 verlassen mußte. ARIST STENDER hat, von NONNE und BAILEY kommend, die neurochirurgische Technik in Breslau auf den modernen Stand gebracht und wurde FOERSTERs Nachfolger als Neurochirurg. Aber eine größere Zahl von Schülern wie NONNE, dessen ehemalige Mitarbeiter oder sogar schon Schüler dieser Mitarbeiter heute die Mehrzahl der deutschen neurologischen Lehrstühle besetzt halten, hat FOERSTER nicht hinterlassen. Trotzdem geht seine wissenschaftliche Ausstrahlung weit über die von NONNE hinaus. Die heutige angelsächsische Neurophysiologie und Neurologie, besonders in ihrer amerikanischen Prägung, sind ohne FOERSTER nicht denkbar. Bei FULTON, der die amerikanische Neurophysiologie begründet hat, trafen SHERRINGTON und wohl auch FOERSTER als geistige Lehrer zusammen. PENFIELD, zeitweilig in Breslau mit FOERSTER arbeitend, hat in systematischen Studien die Analyse über die Lokalisation der Hirnfunktionen und über das Wesen der Epilepsie weitergetragen. Auch PERCIVAL BALEY gewann bei FOERSTER manche Anregung, brachte selbst aber die neue Gliomklassifikation nach Breslau. Er widmete FOERSTER die erste Auflage seines Buches über die Hirngeschwülste. Zahlreiche Neurochirurgen und Neurologen auf den Lehrstühlen Nordamerikas haben in ihrer Breslauer Zeit von FOERSTER entscheidende Anregungen bekommen.

Die Bedeutung FOERSTERs für die Wissenschaft seines Jahrhunderts:

Welches ist nun die Bedeutung OTFRID FOERSTERs für die Neurologie des Jahrhunderts, in dem er lebte? Drei Punkte können herausgestellt werden: 1. die aktuelle Bereicherung mit neurologischen Einzelerkenntnissen, 2. der neue Arbeitsstil, 3. die neuen Anschauungen über die Organisation des zentralen Nervensystems.
Man nehme es mir nicht übel, wenn ich versuche, noch einmal die wichtigsten wissenschaftlichen Erkenntnisse FOERSTERs zusammenzustellen und gewissermaßen zu katalogisieren. Sie zeigen in dieser Massierung die Größe seines Werkes.

FOERSTER hat den Bau und die Funktion des Schmerzsystems genau untersucht und die
Wertigkeit der einzelnen Glieder für die Entstehung des Schmerzerlebnisses bestimmt.
Wir verdanken ihm viele Operationen zur Beeinflussung unerträglicher Schmerzen,
besonders auch am vegetativen System. FOERSTER hat die genaue Topik und Gliederung
des peripheren Nervensystems beschrieben, hat die von ihm abhängigen Muskeln genau
festgestellt, hat gezeigt, daß nach Verletzung der peripheren Nerven die sorgfältige Vor-
und Nachbehandlung, dabei in einem bestimmten Teil der Fälle durch Operation, zu
vollem Erfolg, d. h. zur Funktionswiederkehr, führt. FOERSTER hat die Operation der
Rückenmarksgeschwülste technisch verbessert und die Bedeutung der Hirnnarbenexcision
für die Beseitigung der Krampfanfälle gezeigt. Er hat sich neben FEDOR KRAUSE, der aus
der Chirurgie kam, als der einzige erfolgreiche Neurochirurg seiner Zeit erwiesen. Als
neurophysiologisch eingestellter Kliniker hat er durch grundlegende Analyse der Stamm-
gangliensyndrome und der Querschnittssyndrome bei Rückenmarksverletzungen auch
heute noch unsere Vorstellungen geprägt. Nach ihm ist das atonisch-astatische Syndrom
benannt. Er fand, daß man durch Hyperventilation eine latente Krampfneigung akti-
vieren kann, eine Methode, die zur Standard-Provokationsmethode in der Elektro-
encephalographie geworden ist. Der Begriff der „psychomotorischen Epilepsie" wurde von
FOERSTER geprägt. In seinem Institut wurden die ersten Corticographien, z. B. bei einem
Hirntumor durchgeführt. Ihm verdanken wir die Kenntnis der Grenzen der Rückenmarks-
dermatome. Er hat als erster auf die Bedeutung der Übungstherapie bei Nervenkrankheiten hingewiesen, eine Erkenntnis, die erst heute langsam sich in breiterem Maße in
der neurologischen Klinik durchzusetzen beginnt und die Grundlage aller Rehabilitation
bildet. Schließlich sind seine vielen — quasi experimentellen — Arbeiten zu erwähnen, bei
denen er in Gemeinschaft mit GAGEL und ALTENBURGER bestimmte klinische oder pathophysiologische Fragen an dem Ergebnis von Operationen überprüfte, die immer zur
Therapie angesetzt waren. Diesen Arbeiten verdanken wir eine genaue Analyse des
Rückenmarks, aber auch des Hirnstammes und besonders des Mittelhirns. Heute noch
unterscheidet die Neurophysiologie die „H." (Hoffmann) und „F." (Foerster) Reflexe.
Hier sind wir bei dem zweiten Aspekt angekommen, seinem neurologischen Arbeitsstil.
FOERSTER hat zum erstenmal den Typus eines „Neurologischen Institutes" geformt und in
ihm durch gemeinsame Arbeit von morphologischen und physiologischen Arbeitsgruppen
der Grundlagenforschung mit dem Kliniker neurologische Probleme in größter Breite
analysiert. Eine neurochemische Abteilung war damals vorgesehen. Auf diesen besonderen
Arbeitsstil wurde genügend hingewiesen: Immer war der Ausgangspunkt der wissenschaftlichen Arbeit eine Beobachtung am Krankenbett. Diese formte sich zu einer vor-

läufigen Arbeitshypothese, die bei der aus Therapiegründen durchgeführten Operation klinisch und möglichst auch neurophysiologisch überprüft wurde. War das nicht möglich, so wurde das Problem im Experiment reproduziert und dann untersucht. Am Schluß stand die morphologische Kontrolle des Organs. Das Ergebnis strahlte dann als Behandlungsmethode ans Krankenbett zurück. — Die innige Verflechtung von klinischer und grundlagenwissenschaftlicher Arbeit kennzeichnet den Breslauer Stil dieser Jahre. Nicht als ob nicht ähnliches vor ihm von einzelnen Forschern schon geschaffen worden wäre. Man denke an HUGHLINGS JACKSON, den genialen englischen Neurologen! Nur: seine Arbeiten waren stark philosophisch geprägt, praktisch ohne jede Kontrolle durch die Grundlagenforschung, also eine Art anthropologischer Neurophysiologie. Man denke auch an SHERRINGTON, dessen Neurophysiologie aber nur auf tierexperimentellen Grundlagen beruhte und deren Anwendung auf den Menschen erst noch zu überprüfen war. Durch FOERSTER aber wurde die Neurophysiologie auf die menschliche Klinik ausgerichtet. Das prägte sich ganz deutlich an dem Stilwandel der amerikanischen Neurophysiologie, besonders am Bilde ihres prominentesten Vertreters FULTON, aus. Diese analytische Arbeitsmethode in der neurologischen Klinik, unter Mitarbeit der Grundlagenforschung, ist sicher der Arbeitsstil der Zukunft.

Jetzt aber haben wir noch die dritte Frage zu beantworten, wie OTFRID FOERSTER unser Bild von der Organisation des Nervensystems beeinflußt hat. Stark geprägt von der Gedankenwelt des großen englischen Neurologen JACKSON hat er dessen zunächst philosophisch gewonnenes, von HERBERT SPENCER stark beeinflußtes Denksystem endlich auf exakte morphologische und physiologische Grundlagen gestellt. Es war die Konzeption des nervösen Organs als einer Arbeitsgemeinschaft aus vielen Gliedern und mit mehreren Schichten, wo jedes Glied seine besondere Aufgabe zu erfüllen hatte und damit zur Gesamtleistung beisteuerte. FOERSTER zeigte dies z. B. an der Analyse der Hirnrinde, wo die Funktion der vielen Einzelglieder der Areae pyramidales, extrapyramidales und der sogenannten Adversivfelder mit den Kernen der tiefen Stammganglien zu einer Leistung verbunden war, die aber, wie er an klinischen Beispielen zeigen konnte, zusammenbrach, wenn ein Glied aus der Arbeitsgemeinschaft plötzlich ausfiel, trotz Integrität der verbliebenen Glieder.

Früher oder später sah man die Reorganisation, indem die verbliebenen Glieder erneut ihre Mitarbeit aufnahmen. Die wiedergekehrte Funktion war aber nun, je nach der besonderen Wertigkeit des ausgeschiedenen Partners, keineswegs normalwertig, sondern es blieben immer besonders geartete, von der Sonderfunktion des ausgeschiedenen Partners abhängige und für ihn charakteristische Störungen übrig. Diese Konzeption hat er in

immer neuer Version mit gesteigerter Präzision und durch neue Beobachtungen unter
Beweis stellen wollen; er ist aber vielleicht auch zum Beweis dieses Dogmas oft zu weit
gegangen. Denn immer exakter wurden später die Einzelglieder zusammengefügt zu
einem so großartigen Funktionsmosaik, in dem jedes Glied seinen eigenen — anscheinend gut bekannten und gesicherten — Platz hatte, daß es zum Schluß erscheinen mußte,
als ob das Hirn und Rückenmark einfach wie eine technische Maschine funktionierten.
Dies war das Bild, das er in seinem Referat vor der Deutschen Gesellschaft für Innere
Medizin im Jahre 1934 über die Reichweite des Lokalisationsprinzips entwarf. Das Referat ist ein Meisterwerk solchen Denkens und beweist die damals noch einmalige Erfahrung mit einer solchen Funktionsanalyse. Man bedauert nur, daß es damals nicht zur
geistigen Auseinandersetzung mit seinem größten Gegner in solchem Denken, mit
VICTOR VON WEIZSÄCKER gekommen ist.

Stellen wir uns zum Schluß die Frage, ob wir inzwischen seit FOERSTERs Tod sehr viel
weiter in unseren Erkenntnissen gekommen sind? Wohl sind die einzelnen Glieder der
Organfunktion, ihre morphologischen Grundlagen, ihre Verknüpfung durch Förderung
und Hemmung durch neue Methoden elektroanatomischer Forschung besser bekannt und
viel exakter bestimmt. Wohl ist die neurophysiologische Technik inzwischen bis ins feinste
verbessert und gestattet gleichzeitig von zahlreichen Punkten des Hirns oder aus vielen
verschiedenen Tiefen elektrische (Funktions-)Ströme abzufangen und die Ausbreitung
einer Erregung zu analysieren. Ja wir vermögen heute von *einzelnen Zellen* mit Mikro-
elektroden die elektrische Tätigkeit abzuleiten. In der Gesamtkonzeption sind wir
jedoch über FOERSTER nicht sehr weit hinaus gekommen. Auch die heute so in den Vordergrund gestellte Bedeutung der Substantia reticularis als eines eigenen Hemm- und Förde-
rungssystems hatte FOERSTER klar erkannt. Manche andere seiner großartigen Ideen
bedarf auch heute noch der Auswertung. Mir scheint, daß OTFRID FOERSTER neben dem
von ihm so verehrten HUGHLINGS JACKSON ein kongenialer Forscher war, zu dessen
100. Geburtstag er auch die Gedächtnisvorlesung über den Aufbau des Nervensystems
gehalten hat.

Weitere biographische Würdigungen FOERSTERs:

In memoriam OTFRID FOERSTER. Dtsch. med. Wschr. *79*, 55—56 (1954).
Erinnerungen an OTFRID FOERSTER. Zbl. Neurochir. *14*, 286—292 (1954).
OTFRID FOERSTER 1873—1941. Große Nervenärzte 1955.
OTFRID FOERSTER und die Breslauer Medizinische Fakultät. In: Jahrbuch der Schlesischen
Friedrich-Wilhelm-Universität zu Breslau. Holzner-Verlag Würzburg, 316—388 (1963).

B. Nachruf

Eine Reihe von Nachrufen hat Person und Werk von O. FOERSTER lebendig geschildert und seine Bedeutung für die Wissenschaft der Welt herausgestellt. Es sei hier nur aus dem Nachruf seines Nachfolgers V. v. WEIZSÄCKER zitiert, der — obwohl so grundverschieden von FOERSTER — wohl die schönsten Worte zu seiner Würdigung gefunden hat.

Victor von Weizsäcker:

OTFRID FOERSTER 1873—1941 [*]

... Die ersten Arbeiten von Foersters Hand zeigen nun, wie so oft, bereits die Züge, welche lebenslang charakteristisch bleiben werden. Foerster strebt mit Macht von der nosographischen, deskriptiven Neurologie der Syndrome vorwärts zur funktionellen Betrachtungsform. Aber er bindet diese von Anfang bis zu Ende streng an die Morphologie. Für ihn ist jede Bestimmung einer Funktion eine Lokalisation. Dies scheint mir überhaupt der wichtigste Grundsatz seiner Lebensarbeit zu sein.

In Breslau spürte man noch den Geist des Physiologen Heidenhain. Dieser gehörte, wie auch Carl Ludwig und wie noch Sherrington, zu jenen älteren Physiologen, welche fast ebenso gute Anatomen waren und die Physiologie in der genauesten Verbindung mit der Anatomie trieben. Zu dieser Richtung, zu diesem geistigen Typus physiologischer Anatomen gehört Otfrid Foerster. Und es bedeutet etwas ähnliches, daß er nun Schüler von Carl Wernicke wurde. Diesen Lehrer hat er bewundert und verehrt; Wernicke blieb für ihn eine Norm ...

... Diese symptomanalytischen Jugendarbeiten zeigen alle Vorzüge Foersterscher Arbeit. Es ist eine äußerst genaue Krankenuntersuchung, die in Verbindung mit einer bestimmten Vorstellung von Bau und Funktion des Nervensystems gebracht wird. Soweit dafür nun nicht Anlage, sondern Schuleinflüsse bestimmend sind, handelte es sich einmal um den Einfluß der französischen neurologischen Klinik, besonders vertreten durch Duchenne (de Boulogne) sowie Dejerine, und dann um die Lehren Hughlings Jacksons, dem „prophetischen Genius", dem Verfasser der „Bibel der Neurologie", wie Foerster sagt. Er hat sich lernend zwei Jahre in Paris aufgehalten, ehe er zum eigenen Werk schritt. Die Beziehungen zur angelsächsischen Neurologie aber bedeuten geradezu Wahlverwandtschaft, weil diese so stark von Jacksons Geist durchdrungen ist ...

... So ging Foerster 1909 mit Tietze und mit Küttner daran, schwerste Fälle ebenfalls durch Hinterwurzelresektion zu behandeln, und der Erfolg blieb nicht aus. Das Rückenmark selbst galt damals noch als ein Noli me tangere. Später ging man, da auch hier Rezidive vorkamen, zur hohen Chordotomie über.

Foerster ist mit diesen Vorschlägen ein Pionier eines neuen, des neurochirurgischen Arbeitsfeldes geworden; aber mit ihnen wurde auch der Neurologe selbst zum Chirurgen — ein Schritt, der vor ihm nur umgekehrt von Victor Horsley und Harvey

---

[*] Dtsch. Z. Nervenheilk. *153*, 1941.

CUSHING getan wurde. Mit diesem Schritt ist ein schicksalhaftes Element in FOERSTERs Leben gekommen. Denn er war ein Mann, dessen Gaben einen ganzen und reinen Forscher gemacht hätten; aber er war darüber hinaus Arzt und über das Fach als Arzt hinaus wieder universell gerichteter Naturforscher. Die Wahl der Neurologie als Beruf, die in Deutschland nie eine zentrale Stellung in der akademischen Organisation besaß, hat sicher dazu beigetragen, daß der so außerordentliche, bedeutende und ehrgeizige Mann aus der Enge seiner Situation Energien der Sprengkraft entwickelte und so um so mehr in die Chirurgie und Orthopädie, die innere Medizin, die Pathologie übergreifen und in die gesamte Medizin hineinwirken mußte. Es ist das biographisch wichtigste und interessanteste Problem, wie von nun an der Naturforscher, der Pathologe und der Chirurg des Nervensystems sich miteinander auseinandersetzen, eben im Neurologen OTFRID FOERSTER. Denn so entsteht eben dieser nur einmal verwirklichte Begriff des modernen Neurologen ...

... 1913 erschien die erste Arbeit im Neurologischen Zentralblatt, welche beweist, daß FOERSTER keine Operation am Rückenmark ungenutzt ließ, um die Grundlagen einer Topographie der spinalen Innervationen durch elektrische Reizung der Wurzeln am Menschen zu liefern. Es ist hier zum erstenmal der neue Stil FOERSTERs zu bemerken: in äußerster Zusammendrängung zahllose Einzelbeobachtungen mitzuteilen: eine experimentelle Anatomie der Segmentinnervation der Muskeln beim Menschen. Jetzt erscheinen auch jene Arbeiten, in denen er die Photographie in weitestem Umfang, gleichsam als Protokoll seiner Beobachtungen anwendet. FOERSTER wird zum Meisterphotographen der Neurologie. Das Bild des Vierzigers ist uns so vielfach aufbewahrt geblieben, wie er die Kranken festhält und lenkt, wie ein Künstler sein Cello. Nie wieder war der Eifer und die Lebensfülle in dem feingeschnittenen noch jugendlichen Gesicht so ungebrochen glücklich zu lesen wie damals. Da kam der Weltkrieg ...

... Und so ist die Laufbahn des Neurochirurgen entschieden. Als 1920 die „Gesellschaft Deutscher Nervenärzte" wieder tagt, ist ein Ereignis dieser Tagung, daß er bei 12 Rückenmarkstumoren eine Restitutio ad integrum in 9 Fällen erzielt hat, unter denen sich auch ein intramedulläres Gliom befand. Es muß offen ausgesprochen werden, daß FOERSTER oft Ungeheures gewagt hat und die Tragfähigkeit des Organismus und die Leistungsfähigkeit der chirurgischen Behandlungsart bis zur Grenze aneinander gemessen hat. Er ist ein wagender Pionier, dessen Vorstöße in unbetretenes, unerforschtes Land dringen. Die Geschichte der Chirurgie kennt die Verknüpfung ihrer Errungenschaften mit solchem Wagemut. Aber ebenso offen muß gesagt werden, welche Bedeutung es hatte, daß die Foerstersche Neurochirurgie einen Vorsprung vor jenen Chirurgen haben mußte, welche sich ohne diese glänzende Beherrschung der Anatomie und Physiologie des gesamten Nervensystems und manchmal auch ohne Respekt vor der unendlichen Zartheit und der Aufgabenteilung der nervösen Substanz an diese subtilsten aller Organe gewagt hatten. Jede Leber- und jede Lungenzelle hat die gleiche Funktion: im Nervensystem hat vielleicht kein Element dieselbe Aufgabe wie ein anderes. Es konnte nicht ausbleiben, daß FOERSTERs Leistung, daß überhaupt die Notwendigkeit einer Sonderstellung der Neurochirurgie lange Zeit von vielen Chirurgen nicht erkannt wurde, aber gerade die Breslauer Chirurgen haben, das ist bezeichnend, FOERSTERs Leistung bewundert ...

... Von nun ab entwickelt sich FOERSTER im Mittelpunkt eines wachsenden Wirkungskreises, dessen Radius bald über die Grenzen Deutschlands sich verlängert, und der auf den Charakter seiner Tätigkeit, doch kaum seiner Methode, zurückwirkt. Ich kenne keinen Kliniker, der in gleichen Jahren inmitten einer anspruchsvollen klinischen, ärztlichen, operativen und repräsentativen Tätigkeit und Amtsstellung in solcher Beharrlichkeit und Leidenschaft Forscher und Verfasser unvorstellbar fleißiger und inhaltreicher Werke geworden wäre. Dies weist auf persönliche Begabungen und Eigenschaften hin, die jenseits der normalen Erfahrung liegen ...

... Von früh an ließ FOERSTER sich keine Gelegenheit entgehen, bei der Operation am Nervensystem die Funktion des autoptisch freigelegten Teiles durch den elektrischen Reiz zu ermitteln. So entsteht die „Anatomie am Lebenden", welche sich schließlich vom einzelnen Muskel über die Rückenmarkswurzeln, die Strangsysteme des Rückenmarks und des Gehirns bis zur Rinde erstreckt. Was DUCHENNE, BROWN-SEQUARD, HITZIG, FERRIER, JACKSON und viele andere begonnen hatten, wird so zu Ende geführt, und das Bild, das im Tierversuch von den Lokalisationen entstanden war, für den Menschen ergänzt ... Die myelo-architektonische Forschung seit MEYNERT und FLECHSIG, die cytoarchitektonische von BRODMANN, v. ECONOMO, O. und C. VOGT wird so vergleichbar mit den experimentellen Ergebnissen am Menschen. Diese reizphysiologische Experimentalanalyse wird nun ergänzt durch die Sammlung der pathologischen Funktionsausfälle bei allen Arten von traumatisch, operativ, durch Entzündung, Neubildung usw. entstandenen Destruktionen. Neben der Krankheit als Experimentator steht der experimentierende Untersucher und Operateur ...

... Die Grundschwierigkeit jeder derartigen Betrachtungsform ist die, daß bei künstlicher Reizung andere Leistungsbedingungen gesetzt werden als unter natürlichen Verhältnissen obwalten, und daß bei Zerstörung wir nur zu sehen bekommen, wie der nicht zerstörte Teil des Organs arbeitet, wenn ihm der zerstörte fehlt. Es ist daher weder aus der Beobachtung der Reizungsfolgen noch aus der Beobachtung der Zerstörungsfolgen ein sicherer Schluß auf die normale Funktion zu ziehen, zumal ja die nervöse Substanz fähig ist, sich neue Leistungen zu eigen zu machen. So kam es, daß viele Leistungen — von denen der Sprache angefangen — „lokalisiert" wurden, obwohl man nur sagen konnte, sie seien bei gewissen Läsionen ausgefallen. Diese Quelle der Irrtümer erstreckt sich sogar bis zur Lokalisation des Bewußtseins — sei es im Cortex, sei es im Hirnstamm. Diesen Gefahren gerade der Schule WERNICKEs entging FOERSTER, indem er sich an der Lokalisationslehre nur so weit beteiligte, als er imstande war, sie als eine Experimentalwissenschaft, besonders am Menschen, aufzubauen . . .

. . . So hat der Gelehrte auf rund 2000 Seiten mit gegen 1700 Abbildungen, die größtenteils eigene Photographien sind, ein Lebenswerk niedergelegt, das doch wieder nur ein Teil des Ganzen, freilich der wichtigste ist. Man könnte es ebenso gut eine lebende Anatomie wie eine Anatomie des Lebenden nennen, wenn man sogleich hinzufügt, daß der Begriff der Funktion hier ganz eindeutig und scharf nach zwei bestimmten Richtungen bestimmt und eingeschränkt ist: Reizerscheinungen und Ausfallserscheinungen. Niemals ist der Jacksonismus in der Neurologie mit solcher Konsequenz bis an seine Grenze durchgeführt worden, ebenso wie WERNICKEs klinisch fundiertes Lokalisationsprinzip nie so extrem durchgeführt wurde wie in dem einzigen dem FOERSTERschen vergleichbaren Werke von KLEIST. Man darf sagen, daß eine innere Fremdheit zwischen diesen beiden Werken bisher nicht überbrückt ist. Es muß wohl immer in solchen Fällen ein Gegensatz der Grundidee sich mit einem typischen Unterschiede geistiger Art und Begabung verschmelzen, wenn so bedeutsame, fast polare Gegensätze in der Wissenschaft entstehen . . .

. . . Dies heißt nicht, daß nicht auch eine Gemeinsamkeit da wäre. Sie besteht im Versuch, das Problem des nervösen Organs durch Lokalisation zu lösen. Trotz GALLs verunglückter Intention ist doch FLOURENS, der meist ganz falsch für den Universalismus beschworene FLOURENS, der Begründer der experimentellen Lokalisationsforschung, und seinen Bahnen folgt mit SCHIFF, JACKSON, BROCA, FERRIER, HITZIG, WERNICKE, VOGT auch FOERSTER. Ein Versuch aber, mit wissenschaftsgeschichtlicher Methode die Wege zu rekonstruieren, auf denen die Begriffe Reizbarkeit, Erregung, Leitung, Hemmung, Reflex, Koordination, Zentrum, Peripherie entstanden und dann in FOERSTERs System der Neurologie eingegangen sind — ein solcher Versuch ist natürlich fast nicht ausführbar. Immerhin: von WERNICKE trennt sich FOERSTER da, wo er ein der Nervenphysiologie angepaßtes Experiment zur Methode erwählt, und wo er auch die natürlichen pathologischen Phänomene als Experimente der Natur analysiert. Es ist ein Unterschied, ob man die klinische Erscheinung oder die experimentelle Reaktion zum Maßstab der Theorie macht. Das letztere tat FOERSTER. Fragt man dann, ob er mehr Kliniker oder Theoretiker war, so ist man

auf den ersten Blick verwirrt. Es wäre zu bequem, zu sagen, daß er beides war; das ist
selbstverständlich. Aber um was ging es seiner geistigen Leidenschaft am Krankenbett,
im Operationsraum, im Forschungsinstitut, am Schreibtisch? Es gibt keinen Zweifel: es
ging um die Funktion der Substanz, und das ist ein theoretisches Problem . . .

. . . Ebenso charakteristisch ist aber sein Verhältnis zur Problematik, zur Diskussion überhaupt. Stets beugt er sich vor einer Erfahrungstatsache, nie vor einer entgegengesetzten
Meinung. Man kann von ihm sagen, was er von JACKSON erzählt: He was, as he says,
neither a fanatic localizer nor was he an universalizer. Aber in der leidenschaftlichen
Praxis war FOERSTER wie JACKSON ein „localizer". Dies kam zwar in seinen Schriften selten verbis expressis, wohl aber in der lebendigen Debatte zum Ausdruck: „Herr VON
WEIZSÄCKER meint, wir könnten über die *Funktion* eines einzelnen Abschnittes des Nervensystems nichts aussagen. Wenn ich feststelle, daß bei der Reizung eines peripheren
Nerven die von ihm versorgten Muskeln sich kontrahieren, und wenn ich ferner feststelle,
daß nach der Durchschneidung dieses Nerven diese Muskeln vom Zentralnervensystem
aus nicht mehr kontrahiert werden können, so sehe ich absolut nicht ein, warum wir nicht
berechtigt sein sollen zu sagen, es sei die Funktion des peripheren Nerven, die Muskeln zu
innervieren. Diese Terminologie ist doch Jahrhunderte alt und wenn wir sie, weil erklärt
wird, sie sei unhaltbar, aufgeben sollen, so bitte ich, daß an ihre Stelle etwas gesetzt
wird, was wir verstehen, und worüber wir diskutieren können" . . .

. . . Für FOERSTER war das Nervensystem wirklich ein System; nicht nur der Struktur,
sondern auch der Funktion. Dies mußte hier in den Mittelpunkt gestellt werden, denn von
hier geht doch die stärkste, vor allem die geschichtliche Wirkung auch für die Zukunft aus.
Aber es handelt sich nicht um einen ideologischen Forscher, sondern um einen Erfahrungs-
forscher, genauer: Experimentator . . .

. . . Wenn es überhaupt eine Zeit gegeben hat, in der ein Naturforscher universell war, so
ist diese Zeit jedenfalls längst vorüber. Sie liegt vor SOKRATES. Beispiele wie LIONARDO
und GOETHE können diese Unmöglichkeit mehr bestätigen als widerlegen. Damit hängt
zusammen, daß jeder Forscher einseitig sein muß, sonst ist er kein Forscher mehr. Ohne
eine männliche Entschiedenheit für eine Richtung gibt es keinen Fortschritt im berechtig-
ten, hier dem naturwissenschaftlichen Sinn. Man muß vieles Störende wegräumen und
weglassen, um sich eine Gasse zu bahnen. Von diesem guten Rechte macht auch FOERSTER
Gebrauch, und so entsteht der so entschlossene Lokalismus seiner funktionellen Auffassung. Schließlich wollen auch Tatsachen vereinigt, beleuchtet, gedeutet sein, und dabei
geschieht es dann, daß der Forscher das wegläßt, was zwar nicht widerspricht, aber doch
nicht zu seiner Grundidee paßt. Man findet doch vor allem zunächst das, was man sucht.

In Foersters Wissenschaft tritt dies in der Weise in Erscheinung, daß er neue Beobachtungen, Abweichungen vom Gewohnten und zu Erwartenden durch Anwendung des Prinzips der *isolierten und spezifischen Leitung* zu erklären sucht. Man muß sich dieses lokalisatorische Prinzip ganz klar machen, um seinem Forschungsgang mit kritischem Verständnis überhaupt folgen zu können ...

... Die Wahrheit liegt in der Mitte. Wir müssen uns immer als obersten Satz vor Augen halten, daß, wenn der Organismus eine Willkürbewegung auszuführen beabsichtigt, es in erster Linie und lediglich darauf ankommt, daß ein bestimmter äußerer Bewegungseffekt, welcher eben der Vorstellung bzw. Absicht entspricht, *auch tatsächlich realisiert wird. Dazu zieht der Organismus seine bewegenden Kräfte heran, er innerviert Muskeln, aber nur solche Muskeln,* durch die der äußere Effekt auch wirklich zustandekommt. Effektwidrige Innervationen sistiert er, wenn solche sich wirklich einschleichen, alsbald wieder ...

... Sein äußerer Lebensgang hat ihn nicht verwöhnt mit modernen Hilfsmitteln für anspruchsvolle Forschung. Da war doch immer alles spärlich und hart erkämpft: ein Beweis, daß ein schönes Institut allein noch keinen Forscher hervorgebracht hat, daß aber die meisten Überragenden trotz, nicht wegen der Umwelt entstanden sind. Die Gunst der äußeren Arbeitsbedingungen erlangte er, wie das so oft ist, fast zu spät, sicher später als verdient. Die Arbeit im Neurologischen Forschungsinstitut beginnt erst in dem Augenblick, in dem die letzte Epoche seiner Lebensarbeit anfängt (1934). Es ist jener Wahlverwandtschaft zur angelsächsischen Wissenschaftsform zu verdanken, daß die Rockefeller-Foundation und dann die Stadt Breslau die Notwendigkeit erkannte, helfend einzugreifen. Aber wir dürfen zugleich dankbar sein, wenn dieses Leben nichts enthält von jenem Laboratorium-Apparatismus — weder im wörtlichen noch im übertragenen Sinne — der nun einmal die Signatur wissenschaftlicher Dekadenz vielerorten geworden ist. Foersters Sympathie für angelsächsische Wissenschaft gilt deren Realismus, nicht dem sogenannten Amerikanismus ...

... Foerster hatte bis dahin alles mit seinen zwei Augen und seinen zwei Händen vollbracht. Als er, mit der Eröffnung des Forschungsinstitutes, dieses Instrument multiplizieren konnte, fing er an, unpersönlicher zu werden. Viele der mit unter seinem Namen nun erscheinenden Arbeiten gehören nur noch in bedingtem Sinne zu seiner eigentlichen Biographie, so unermüdlich und eindringend er sie gefördert hat. Foerster war ja, von Wernicke kommend, klinischer Neurologe; als Neurochirurg, als Anatom, als Physiologe war er fast Autodidakt ...

... Die Uhr steht still, der Zeiger fällt. *Patriae scientiae inserviendo consumptus.* Die

24

ersten drei dieser Worte, seit 1934 auf der Eingangsseite des Otfrid-Foerster-Institutes
in Breslau angebracht, sind nun durch das vierte ergänzt worden und haben ihren bisher
verhaltenen Sinn voll enthüllt. Wer die Ergänzung durch dieses letzte Wort versteht,
weiß genug, weiß alles, was ihm zusteht über den Menschen, von dem dieser flüchtige
und umrißhafte Bericht über die Lebensarbeit gesprochen hat. OTFRID FOERSTER ist an
einem Tage und in einem Grabe mit seiner Lebensgefährtin bestattet worden. Die gleiche
Krankheit hat beide dahingerafft. Einem ganzen Leben gehört, seiner würdig, ein solcher
Tod. FOERSTER ist, landschaftlich gesehen, ein ostdeutsches Symbol harter, zäher, ent-
sagender Arbeit.
Aber die Arbeit der Hände war die verzehrende Arbeit eines Geistes. An seine Bahre
gehört der Lorbeer ...

Weitere Nachrufe:

ALEJANDRO H. SCHROEDER: OTFRID FOERSTER. Anales del Instituto de Neurologia, Uruguay, Bd. III/1941.
K. M. WALTHARD: OTFRID FOERSTER (1873–1941). Arch. Neurologie u. Psychiatrie 62, 401.
G. HOHMANN: Was verdanken wir OTFRID FOERSTER? Zschr. f. Orthopädie u. ihre Grenzgebiete 72, 279 bis 284 (1941).
O. GAGEL: OTFRID FOERSTER 1873–1941. Klin. Wschr. 20, 799–800 (1941).
O. GAGEL: OTFRID FOERSTER 1873–1941. Arch. Psychiat. Nervenkr. *114*, 1 (1941).
OTFRID FOERSTER, 1873–1941. Presse Médicale v. 24.–27. 9. 1941, S. 1051.
EGAS MONIZ, Lissabon; Nobelpreisträger 1949: Lisboa Medica 19, 52–58 (1942).
MARGRET KENNARD – JOHN FARQUHAR FULTON – CARLOS G. DE GUTIERREZ-MAHONEY: OTFRID FOERSTER 1873–1941. J. Neurophysiol. 5, 1–17 (1942).
CARLOS G. DE GUTIERREZ-MAHONEY: OTFRID FOERSTER 1873–1941. Arch. Neurol. Psychiatr. 46, 913 bis 918 (1941).
H. PETTE: OTFRID FOERSTER (1873–1941). Münch. Med. Wschr. 1941, Nr. 44, S. 1183 (1941).
H. PETTE: OTFRID FOERSTER. Der Kämpfer um eine selbständige Neurologie. Gestalter unserer Zeit, Bd. 4, S. 93–100. Gerhard Stalling-Verlag Oldenburg.
M. PASTEUR VALLERY RADOT: OTFRID FOERSTER (1873–1941). Revue Neurologique Bd. 74, 1–2 (1942).
K. H. BAUER: OTFRID FOERSTER. Der Chirurg 13, 431–432 (1941).
A. STENDER: OTFRID FOERSTER (1873–1941). Dtsch. med. Wschr. 44, 1214–1215 (1941).

*Die Stiftung der Otfrid Foerster-Medaille durch die Deutsche Gesellschaft
für Neurochirurgie 1953*

Um die Erinnerung an OTFRID FOERSTER wachzuhalten, stiftete die Deutsche Gesellschaft
für Neurochirurgie die OTFRID FOERSTER-Medaille mit einer Gedächtnisvorlesung. Die
erste Vorlesung hielt PERCIVAL BAILEY vor der Deutschen Gesellschaft für Neurochirurgie
am 26. 8. 1953 in München. Die folgenden Träger der OTFRID FOERSTER-Medaille waren:
L. v. BOGAERT 1958, W. TÖNNIS 1960, A. E. SPIEGEL 1964.

C. Auszüge aus Foersters wichtigsten Arbeiten

I. Beiträge zur Neurologischen Semiologie, Diagnostik und Klinik

1. Frühe Arbeiten über Koordination – Mitbewegungen – Kontraktur – Spastik

FOERSTER hatte bei FRENKEL-Heiden die Übungstherapie bei Tabikern erlernt. Sie hatte bei FOERSTER besonderes Interesse an der Koordination geweckt, deren Analyse ja Voraussetzung jeder gezielten Übung war. Er hat damals in Breslau in großem Rahmen die Übungstherapie Nervenkranker geleitet und exakteste Funktionsanalyse der Muskeln unter dem Gesichtspunkt der „Bewegung" und „Koordination" betrieben. Hier war ihm DUCHENNE der Meister, dem er nachstrebte.

In der „Bewegung" unterschied er zunächst die physiologischen Hauptbewegungen und die Mitbewegungen. Er begann dann auch die „pathologischen" Mitbewegungen zu studieren, die in den später beschriebenen Syndromen der Synergiebewegungen nach WERNICKE-MANN eine entscheidende Rolle spielten. Er analysierte auch die Tonusveränderungen, besonders unter den für den Patienten so lästigen Symptomen der Spastik und Kontraktur, deren operative Beseitigung durch Hinterwurzeldurchschneidung seinen Namen schnell international berühmt werden ließ.

Der Versuch, durch Übungstherapie die Störungen der Koordination und der spastischen Kontrakturen zu beseitigen, machte später genauere Untersuchungen über die „Schlaffen und spastischen Lähmungen" notwendig, die er 1927 im Handbuch von BETHE und BERGMANN analysierte, wobei er alle früheren Arbeiten und Beobachtungen zusammenfaßte. —

Diese Arbeiten zeigen die minutiöse Beobachtung FOERSTERs im Einzelfall. Sie geben gleichzeitig das Beispiel einer für FOERSTER typischen literarischen Auseinandersetzung in Form einer Diskussion mit HOFFMANN über die Muskel-Eigenreflexe, wie er sie in den mittleren Jahren seines Lebens oft mit scharfer Klinge geführt hat.

Die Physiologie und Pathologie der Coordination.
Verlag Gustav Fischer, Jena 1902.

Die Mitbewegungen bei Gesunden, Nerven- und Geisteskranken
Verlag Gustav Fischer, Jena 1903.

... Es wäre eine Unterlassungssünde, hier nicht das monumentum aere perennius zu erwähnen, welches J. B. DUCHENNE sich selbst und seiner Wissenschaft in seinem Werke der Physiologie der Bewegungen gesetzt hat ...

... Fast alle unsere Zweckbewegungen, selbst die scheinbar einfachsten, von den zusammengesetzten gar nicht zu reden, lassen eine derartige Zusammensetzung aus einer Hauptbewegung und einer Mitbewegung erkennen. So ist beim Öffnen der geballten Faust die Streckung der Finger die Hauptbewegung, die Flexion der Hand zweckmäßige Mitbewegung; beim Schließen der Augen ist die Annäherung der Augenlider aneinander

Hauptbewegung, eine leichte Rollung des Augapfels nach oben und eine leichte Verengerung der Iris Mitbewegung. Beim Senken des Blickes werden nicht nur die Augenlider gesenkt, umgekehrt erfolgt beim Aufwärtsrichten des Blickes außer der Drehbewegung der Bulbi nach oben eine Hebung der Augenlider und Runzeln der Stirn, wodurch das Gesichtsfeld nach oben zu in zweckmäßiger Weise erweitert wird.

Insofern alle diese zweckmäßigen Mitbewegungen unter normalen Verhältnissen auftreten und zur normalen Bewegung gehören, kann man sie als *normale zweckmäßige Mitbewegungen* bezeichnen …

… Diesen steht nun aber eine Klasse von Mitbewegungen gegenüber, welche … als *unzweckmäßige Mitbewegungen* bezeichnet werden sollen …

… Wir finden sie besonders dann, wenn eine neue zu erlernende Bewegung oder Manipulation ausgeführt wird. Es sei hier nur daran erinnert, wie ein Kind, welches schreiben lernt, dabei das Gesicht verzerrt, den Kopf verdreht, die Zunge herausstreckt …

… Wir finden sie zweitens allemal dann, wenn eine Bewegung mit *großer Kraft ausgeführt werden soll* … Wenn wir z. B. ein schweres Gewicht mit einem Arm emporstemmen, so verzerrt sich dabei das Gesicht bis zur Grimasse, die Muskeln des anderen Arms spannen sich an, die Faust wird geballt, ja auf der Höhe der Anstrengung tritt wohl die gesamte Körpermuskulatur mehr oder weniger in Tätigkeit …

FOERSTER beschreibt dann die pathologischen Mitbewegungen.

… Bei Hemiplegikern beobachten wir es ganz gewöhnlich, daß, wenn sie die paretischen Finger in die Hohlhand beugen wollen, sie dabei die Hand allemal mitstrecken … Wenn aber die Schwäche der Fingerbeuger einigermaßen ausgesprochen ist, so gelingt die Fingerbeugung ohne diese Mitstreckung der Hand dem Hemiplegiker überhaupt nicht. Der Kranke kann, wenn er auch noch so sehr bemüht ist, die Handstreckung nicht unterdrükken, was einem Gesunden natürlich ohne weiteres gelingt … Wir erkennen in dieser Streckung der Hand wieder sofort die *zweckmäßige Mitbewegung*, welche der Organismus insceniert, um die Kraftentfaltung der Fingerbeuger zu erhöhen … Ebenso sehen wir, daß bei der Öffnung der geschlossenen Faust sehr oft eine ausgiebige Beugung der Hand erfolgt … Befindet sich der Kranke in Bauchlage und soll er in dieser Position den Unterschenkel flektieren, so treten folgende Mitbewegungen auf. Erstens wird der Fuß stark dorsalflektiert, und zwar meistens mit überwiegender Wirkung des Tibialis anticus, also in Varusstellung (STRÜMPELL). Bemerkenswert ist, daß diese Dorsalflexion des Fußes bei Intention den Unterschenkel zu flektieren, auch dann stark ausgesprochen sein kann, wenn der Kranke ganz außerstande ist, den Fuß willkürlich zu beugen … Außer der Dorsalflexion des Fußes erfolgt nun fast regelmäßig noch eine andere Mitbewegung, nämlich auch wieder eine Flexion des Oberschenkels. Dies gibt sich zunächst dadurch zu erkennen, daß sich Femur und Becken im Winkel zueinander stellen und die Gegend der Leistenbeuge sich von der Unterlage in die Höhe hebt ...

... Streicht man über die Fußsohle mit dem Nagel rasch hin, so beugt sich bekanntlich bei Affektionen der Pyramidenbahn die große Zehe dorsalwärts, die übrigen Zehen führen entweder dieselbe Bewegung aus, oder sie beugen sich plantarwärts. Gar nicht selten beugt sich aber bei dem genannten Hautreiz die ganze untere Extremität im Fuß-, Knie- und Hüftgelenk gleichzeitig, auch dann, wenn es dem Kranken ganz unmöglich ist, diese Bewegung willkürlich auszuführen. Das Zurückziehen des ganzen Beins ist in diesen Fällen sicher eine Reflexbewegung, aber wir dürfen darin eigentlich keine Mitbewegung, sondern vielmehr eine ausgiebigere, zweckmäßige Reflexabwehrbewegung sehen ...

... Wir haben gesehen, welch großes und weitverzweigtes System den Ablauf unserer Willkürbewegungen regelt, wie zahlreiche und komplizierte Mechanismen zu deren Zustandekommen ineinander greifen. Die Mitbewegungen sind ja nur eines der äußeren Zeichen des gestörten Ablaufes dieser Mechanismen. So verschieden auch im speziellen ihre Ursache sein mag, je nach der Störung dieses oder jenes Einzelmechanismus, alle entspringen doch nur aus ein und demselben Prinzip. Dieses Prinzip besteht darin, daß, wenn der Organismus eine Bewegung ausführen will, daß er dann allemal zunächst möglichst viel motorische Mittel heranzieht, und a priori eher zu viel als zu wenig Muskeln innerviert. Die Wahl unserer Bewegungsmittel bedeutet ein Suchen und dabei tritt ein gewisser Mangel an Ökonomie zutage. In der Norm wird diese Verschwendungslust des Organismus für gewöhnlich durch Hemmungsvorgänge eingedämmt, unter pathologischen Verhältnissen kommt sie wieder in den Mitbewegungen zum Ausdruck ...

Die Kontrakturen bei den Erkrankungen der Pyramidenbahn
Verlag von S. Karger, Berlin 1906.

... Die Kontraktur ist ein subcorticaler Fixationsreflex oder richtiger gesprochen, sie ist die Steigerung des normalen Fixationsreflexes, des normalen Widerstandes, den jeder Muskel seiner Dehnung reflektorisch entgegenstellt.
Daraus erklären sich nun ohne weiteres eine Reihe der von uns eingangs angeführten Eigentümlichkeiten der spastischen Kontraktur, die diese von der Schrumpfungskontraktur deutlich unterscheiden ...
... Wir verstehen nun auch, warum alle möglichen sensiblen Reize, der faradische Strom,

Kälte, Wunden, die Kontraktur verschärfen; durch diese Reize werden dauernde zentripetale Erregungen in die subcorticalen Centren geschickt, diese werden geladen und reflektieren die zugeführten Erregungen wieder in den Muskel, so daß nun schon bei dem geringsten Dehnungsversuch sehr lebhafte Gegenspannung im Muskel vorhanden ist ...

Schlaffe und spastische Lähmung

Handbuch der normalen und pathologischen Physiologie, 10. Band, S. 893–972. Springer-Verlag Berlin 1927.

... Angesichts der sehr sorgfältig durchgeführten Experimente STERNBERGs kann kaum bezweifelt werden, daß die Receptoren des Sehnenphänomens nicht in der Sehne gelegen sind, sondern im Muskel selbst oder im Periost. Wenigstens kann die Sehne des Muskels durch einen Faden ersetzt werden; ein Schlag auf diesen hat den gleichen Reflexerfolg wie der Schlag auf die Sehne. Widerlegt ist allerdings damit die Existenz der Sehnenreflexe noch nicht. Es ist sehr wohl möglich, daß beim Schlag auf die Sehne die Reizung intratendinöser Receptoren mit im Spiele ist. Aber die Beweise, welche HOFFMANN gegen die Existenz der Periostreflexe anführt, stehen auf äußerst schwachen Füßen. Es soll gar nicht bestritten werden, daß bei der Art der Auslösung der Knochenreflexe zumeist eine plötzliche kurze Zerrung des Muskels stattfindet. Das ist z. B. sicher der Fall, wenn wir bei herabhängendem Oberarm und halbflektiertem und eine Mittelstellung zwischen Pro- und Supination befindlichem Vorderarm einen Schlag auf das distale Radiusende ausüben. Wenn aber HOFFMANN sagt, daß beim Beklopfen eines Knochens ohne Zerrung des Muskels in der Längsrichtung kein Reflexerfolg stattfinde, also z. B. bei völlig fixiertem Vorderarm der Reflex vom Radiusperiost auf den Biceps brachii ausbliebe, so ist das falsch; selbst da, wo eine Verschiebung des vom Schlage getroffenen Gliedes absolut verhindert wird, tritt oft eine ebenso prompte Zuckung des Biceps ein. Auch kann ich nicht zugeben, daß beim Schlag auf das distale Ende der Ulna immer der Triceps zucke, weil er hierbei der Dehnung unterliege. Sehr oft zuckt dabei vornehmlich, manchmal ausschließlich, der Biceps, dessen Insertionspunkte durch den Schlag gegen das distale Ulnaende nicht voneinander entfernt werden, sondern im Gegenteil eine Annäherung erfahren. Bei sehr vielen Knochenreflexen ist überhaupt nicht einzusehen, inwiefern sie gerade auf einer Zerrung des zuckenden Muskels in der Längsrichtung beruhen sollen. Wenn beim Schlag auf das Jochbein oder die Nase oder die Stirn die gesamte Facialismuskulatur, auch die der kontralateralen Seite, zuckt, und die Nackenstrecker sich kontrahieren, wenn beim Beklopfen der Clavicula der Triceps oder Biceps, der Deltoideus, Pectoralis major evtl. sogar die Flexores digitorum, beim Schlag auf die Spina oder Basis scapulae der Deltoideus, Triceps, Pectoralis major und andere Armmuskeln, beim Schlag auf den Epicondylus externus der Triceps oder Biceps, der Pectoralis major, die Fingerbeuger, beim Schlag auf das Dorsum metacarpi die Fingerflexoren, beim Schlag gegen das distale Ende der Ulna die Handpronatoren, beim Schlag auf die Rippen oder die Spina iliaca superior die Bauchmuskeln, beim Schlag auf den Epicondylus internus oder externus femoris oder die Vorderfläche der Tibia der Quadriceps und die Adductoren, beim Schlag auf den Fußrücken die Zehenflexoren, beim Schlag auf den Trochanter major der Glutaeus maximus, Biceps, Semitendinosus und Semimembranosus zucken, wie das bei erhöhter Reflextätigkeit bei spastischen Lähmungen sehr oft der Fall ist, so ist faktisch nicht einzusehen, warum die zuckenden Muskeln ausgerechnet alle gerade einer Zerrung in der Längsrichtung unterliegen sollen und nur deshalb zucken. Das ist eine völlig in der Luft schwebende Annahme. Manche der zuckenden Muskeln erfahren sogar im Gegenteil eine Annäherung ihrer Insertionspunkte. Da HOFFMANN offenbar selbst diese schwache Seite seiner Argumentationen gefühlt hat, spricht er mehrfach statt von Zerrung in der Längsrichtung einfach von einer Erschütterung der Muskeln. Besonders steht diese als Reizquelle bei TROEMNER und bei KRAMER im Vordergrunde, . .

. . . HOFFMANN meint, widersprechende Einzelbeobachtungen hätten keine Beweiskraft. Gewiß nicht, wenn sie in eine durch schwerwiegende Argumente gut fundierte Lehre nicht hineinpassen. Aber welches einzige positive Argument haben denn HOFFMANN und seine Coetanen für die Lehre, daß die Knochenreflexe nur durch Zerrung oder Erschütterung der Muskeln entstehen, beigebracht? Buchstäblich keins! Mit wenigen Worten, wie es HOFFMANN versucht, lassen sich die STERNBERGschen Experimente auch nicht aus der Welt schaffen. Ich habe in einem Falle von schwerer spastischer Beinlähmung infolge einer traumatischen Läsion des corticalen Beinfeldes, bei dem die Sehnen- und Knochenreflexe des gelähmten Beines lebhaft gesteigert waren und auch durch Beklopfen der Sehnen und Knochenvorsprünge des gesunden Beines zahlreiche Muskeln des gelähmten kontralateralen Beines in Kontraktion versetzt werden konnten (Quadriceps, Adductoren, Flexor digitorum u. a.), die hinteren Wurzeln des gelähmten Beines L_2, L_3, L_4, L_5, S_1 durchschnitten. Danach war es durch keinen Reiz, der die Sehne oder Knochen des gelähmten Beines traf, mehr möglich, den Quadriceps, die Adductoren, den Glutaeus maximus, den Biceps, Semitendinosus und Semimembranosus zur Kontraktion zu bringen. Der Gastrocnemiusreflex war noch ganz schwach auslösbar sowohl von der Achillessehne wie von der Planta pedis aus, ebenso war der Reflex von der Planta pedis auf die Flexores digitorum erhalten. In diesem Falle konnte nun durch Beklopfen der Patellarsehne oder des

Epicondylus internus der gesunden kontralateralen Seite der völlig deafferentierte Quadriceps der gelähmten Seite noch deutlich in Kontraktion versetzt werden; ebenso zuckten die Adductoren der gelähmten Seite. Diese Beobachtung spricht absolut gegen die Zerrungs-Erschütterungstheorie und die Lehre, daß alle Reflexerfolge, welche von Sehnen und vom Knochen aus entstehen, nur Muskeleigenreflexe seien. Der Quadriceps und die Adductoren der gelähmten Seite waren ja völlig deafferentiert, ihre Eigenreflexerregbarkeit war aufgehoben, aber ihre Vorderhornzellen standen noch mit den afferenten Bahnen des kontralateralen Beines in ungestörter Verbindung, und daher konnten die Muskeln durch Reize, welche aus nicht deafferentierten Gebieten stammten, noch mit Zuckungen reagieren ...

... Diese Beobachtungen beweisen auf das bestimmteste, daß der Teil der Lehre HOFFMANNs und seiner Coetanen unhaltbar ist, welcher auch die Partizipation aller abgelegenen Muskeln am Reflexerfolg beim Beklopfen einer Sehne oder eines Knochens für Muskeleigenreflexe ansieht; sie lehren vielmehr, daß die Kontraktion dieser abgelegenen Muskeln durch die Erregung der Receptoren des vom Reiz unmittelbar betroffenen Ortes und durch direkte Erregung der Vorderhornzellen der abgelegenen Muskeln durch die vom Reizorte ausgehenden afferenten Impulse entsteht; sie zeigen, daß die alte Lehre von der sog. Reflexirradiation, welche HOFFMANN für die Sehnen- und Knochenreflexe abweist, zu Recht besteht, und daß die Lehre HOFFMANNs, daß am Reflexerfolg nur einzig und allein der Muskel teilnehme, dessen intramuskuläre sensible Rezeptoren durch Zerrung des Muskels in der Längsrichtung oder durch Erschütterung gereizt werden, falsch ist. Durch Schlag auf eine Sehne oder einen Knochen können sehr wohl unmittelbar koordinierte Reflexsynergien erzielt werden. Den Streckstoß des Beines, den koordinierten Streckreflex des Beines kann man durch keinen Reiz besser auslösen als durch einen kurzen Schlag gegen die Planta pedis. Dabei spielt die Erschütterung oder Zerrung der kooperierenden Muskeln (abgesehen von Gastrocneminus und den Flexores dig.) gar keine Rolle ...

FOERSTER *benutzt den Lehrfilm*
FOERSTER hat wohl als erster deutscher Kliniker überhaupt ausgedehnten Gebrauch von Film und Bild gemacht.
Dtsch. Zschr. Nervenhk. *50*, 293 (1914).

... Dann folgt ein längerer Film, der eine seltene Bewegungsstörung demonstriert, die den rechten Arm betrifft und sich zum Teil als Ataxie infolge von Verlust der Lageempfindung darstellt, in der Hauptsache aber eine ausgesprochene Apraxie ist. Der Fall zeigt besonders schön die völlige motorische Ratlosigkeit des rechten Armes. Die kinematographische Demonstration schließt mit einem Fall von Huntingtonscher Chorea. Die kinematographischen Aufnahmen hat der Vortragende mit einem ihm gehörigen Apparat zusammen mit Herrn Photograph PROCHAZKA aufgenommen. Zur Demonstration der Filme hatte die Firma Pathé frères (Filiale Breslau) freundlichst ihren kinematographischen Projektionsapparat zur Verfügung gestellt ...

2. Beiträge zur Anatomie und Funktion der Muskeln und peripheren Nerven

FOERSTERS *Arbeiten über die Anatomie und Funktion der Muskeln*

Die genaue Untersuchung der Patienten mit klinisch nachweisbaren Nervenverletzungen und die Befunde nach Wurzeldurchschneidungen hatten FOERSTER eine bis dahin ungewohnte Kenntnis der Anatomie der Nerven und Muskeln gebracht. Über die Ergebnisse hatte er in den ersten drei Ergänzungsbänden zum ersten Handbuch der Neurologie (Springer) berichtet. Er hat später seine Studien über die Anatomie und Funktion der Muskeln noch verbreitert und wir danken FOERSTER einen weiteren Beitrag im zweiten Handbuch der Neurologie. Diese vier Bände über periphere Nerven und Muskeln haben bis heute ihresgleichen noch nicht gefunden. Sie enthalten genaue Beschreibungen der einzelnen Muskeln des menschlichen Körpers, ihrer Innervation und deren Varianten sowie eine exakte Analyse ihrer Primärfunktionen. Außer diesen analytischen Ausführungen werden dann jeweils synthetische Darstellungen der „Bewegungen" in den einzelnen Gelenken gegeben, wobei das Zusammenspiel der Muskeln zur gemeinsamen Aktion beschrieben wird und die Bedeutung des Ausfalls jedes einzelnen dieser Muskeln gekennzeichnet wird. HOHMANN sagt daher in seinem Nachruf mit Recht, daß auch heute noch ein Orthopäde eigentlich ohne die Kenntnis dieses Kapitels und ohne diese Unterlagen nicht auskommen kann.
Vollkommen unersetzbar sind die Einzelangaben über die Segmental- und Astversorgung der Muskeln. Ebenso grundlegend für den Neurologen ist die überall in den Lehrbüchern wiederholte Aufgliederung des Aufbaus des Cervico-Brachial-Plexus (S. 948) sowie die Tabellen über die „Kernsäulen" des Rückenmarks (1929, S. 939, 941 ff., 961 ff., 966 ff.), die die Höhe der Muskelinnervation anzeigen.
Es wird hier als ein interessantes Beispiel aus diesem Kapitel die Beschreibung des M. abductor pollicis brevis wiedergegeben, nach FOERSTER des einzigen einsegmentalen Muskels.

Spezielle Physiologie und spezielle funktionelle Pathologie der quergestreiften Muskeln
Handbuch der Neurologie, Bd. 3: Allgemeine Neurologie III, S. 307 ff., 1937.

9. Abductor pollicis brevis, Flexor pollicis brevis, Opponens pollicis — Adductor pollicis.
(C_8, Th_1 ; *unterer* Primärstrang, Fasciculus medialis, mediale Medianuswurzeln, N. medianus (N. ulnaris, N. musculo-cutaneus, — N. ulnaris.)

Der *Abductor pollicis brevis* ist der oberflächlichste der Muskeln des Daumenballens; er entspringt vom Lig. carpi transversum, vom Os naviculare und der in sein Muskelfleisch eindringenden Endsehne des Abductor pollicis longus. Seine Endsehne inseriert an der Außenseite der Grundphalange des Daumens, geht aber zum Teil auch in die Dorsalaponeurose des Daumens über ...

... Abductor pollicis brevis, Opponens und Flexor brevis unterstehen in der Regel dem N. medianus, der Adductor dem N. ulnaris. Es kommen aber gar nicht selten auch Abweichungen vor, in der Weise, daß der Ulnaris einzelne, seltener alle, Muskeln des Daumenballens innerviert. Am seltensten hat der Abductor brevis an dieser Versorgung durch den Ulnaris Anteil. Umgekehrt kann der Medianus den Adductor pollicis mitversorgen. Das Übergreifen des Ulnaris in die Sphäre des Medianus erfolgt durch die in der Tiefe der Hohlhand befindliche Anastomose zwischen dem Ramus profundus des N. ulnaris und dem Medianus. Abductor brevis, Flexor brevis und Opponens können gelegentlich durch eine vom Musculocutaneus zum Medianus hinziehende Anastomose versorgt werden. Der Medianus gewinnt Anteil an der Versorgung des Adductor pollicis durch die in der Mitte des Vorderarms aus dem Ramus interosseus volaris hervorgehende und schräg nach abwärts zum Ulnaris hinziehende Anastomose.

Abductor brevis, Flexor brevis und Adductor sind der percutanen elektrischen Reizung gut zugängig. Der Opponens kann in ganzer Ausdehnung nur bei Lähmung und Atrophie des Abductor brevis isoliert in Kontraktion versetzt werden. Derartige isolierte Lähmungen des Abductor brevis sind aber ein relativ häufiges Vorkommnis. Abgesehen von der soeben erwähnten Tatsache, daß dieser Muskel nicht allzu selten der einzige Muskel ist, der ausschließlich vom Medianus versorgt wird, so daß er bei Unterbrechung des letzteren allein gelähmt ist, kann man auch bei Schädigungen des N. medianus des öfteren feststellen, daß sich der Abductor brevis als letzter Muskel des Medianusgebietes restituiert und als einziger gelähmt bleibt. Ferner ist er der einzige monoradikulär innervierte Muskel der oberen Extremität. Bei isolierter Unterbrechung von Th_1 ist er total gelähmt, während alle anderen kurzen Daumenmuskeln, überhaupt alle kleinen Handmuskeln, dank ihrer gleichzeitigen Innervation durch C_8 nicht gelähmt sind ...

... Unter der isolierten Wirkung des Abductor pollicis brevis neigt sich der erste Metacarpalknochen um die dorsovolare Achse des Carpometacarpalgelenkes nach der Radialseite, gleichzeitig erfährt er eine Flexion um die radioulnare Achse und eine pronatorische Kreiselung. Zweitens wird die Grundphalange des Daumens im Metacarpophalangealgelenk nach der Radialseite geneigt und pronatorisch gekreiselt, aber nur wenig flektiert; die Endphalange wird gestreckt ...

Spezielle Anatomie und Physiologie der peripheren Nerven
Handbuch der Neurologie, Ergänzungsband, 2. Teil. Springer-Verlag Berlin 1929.

... Die deskriptive Anatomie der peripheren Nerven stellte vor dem Kriege ein scheinbar abgeschlossenes Kapitel dar; es galt für jeden peripheren Nerven als fast dogmatisch feststehend, welche einzelnen Muskeln von ihm innerviert werden; die zahlreichen Hinweise, welche bereits ältere Anatomen und besonders auf Grund klinischer Erfahrungen LETIEVANT über abnorme motorische Innervationen und Nervenanastomosen gegeben hatten, war nicht Allgemeingut der Neurologen geworden. Erst unter dem Einfluß der bei Kriegsverletzungen so oft festgestellten Unstimmigkeiten zwischen totaler Durchtrennung eines Nerven einerseits und der totalen oder partiellen funktionellen Integrität einer Reihe seiner Domäne unterstellter Muskeln andererseits, hat neurologischerseits ein eifriges Studium über die abnormen Nervenversorgungen der Muskeln eingesetzt. Es ist hervorzuheben, daß einmal zwischen zwei Nerven Anastomosen bestehen können, durch welche dem einen motorische Fasern von einem anderen in mehr oder weniger großer Zahl zugeführt werden, und ferner, daß ein Nerv *direkte Äste* an Muskeln abgeben kann, die normalerweise von einem anderen Nerven innerviert werden. Auf diese Weise kann *ein* Muskel von zwei verschiedenen Nerven gleichzeitig, oder aber von einem ihm normaliter nicht übergeordneten Nerven ausschließlich innerviert werden. Diese *Doppelinnervation* bzw. *anomale Innervation* bildet im Falle der Durchtrennung eines bestimmten Nerven die Ursache für das Erhaltensein der Funktion derjenigen Muskeln, welchen durch die Anastomose oder die anomalen Äste motorische Fasern zugeführt werden; sie spielt auch eine bedeutende Rolle bei dem Zustandekommen der sogenannten Schnellheilungen nach Nervennaht, indem die rasche Wiederkehr der Funktion gewisser Muskeln nur dem Vorhandensein einer Anastomose oder anomaler Äste zu danken ist. Warum in solchen Fällen die durch die Anastomose versorgten Muskeln oft nicht von vornherein ihre Funktion beibehalten, sondern dieselbe erst allmählich, oft erst nach Ausführung der Nervennaht, mehr oder weniger rasch wieder erlangen, kann hier nicht erörtert werden...

Zur Kenntnis der spinalen Segmentinnervation der Muskeln
Neurol. Centralblatt 19, 1–14 (1913).

... Ich möchte eine eigene Beobachtung anführen. Es wurde bei einem Tabiker die 7. bis 10. Dorsalwurzel (motorische und sensible) durchschnitten. Die Folge war eine totale

Lähmung der Recti und Obliqui bis genau zum Nabel nach unten. Unterhalb des Nabels waren Recti und Obliqui vollkommen intakt. Ein Unterschied zwischen Recti und Obliqui war nicht zu eruieren. Das stimmt zu den Angaben von SCHWARZ und spricht gegen die Annahme von GOLDSTEIN und IBRAHIM ...

Ich wende mich jetzt zur *unteren Extremität*. Meine eigenen Untersuchungen beziehen sich hier hauptsächlich auf die elektrische Reizung der einzelnen vorderen Lumbosacralwurzeln, die ich in zehn Fällen vornehmen konnte. Außerdem habe ich auch den oben angegebenen Weg der genauen Bestimmung sämtlicher gelähmter Muskeln bei Erkrankung der Vorderhörner des Lumbosacralmarkes mit herangezogen ...

3. FOERSTERS Beiträge zur Orthopädie und „Übungstherapie" (Neurologische Rehabilitation)

FOERSTER *und die Orthopädie*

FOERSTER hat durch sein besonderes Interesse an der Übungstherapie und an der operativen Beeinflussung von Bewegungsstörungen nahe Beziehungen zur Orthopädie gehabt und auf vielen Kongressen über orthopädische Probleme, z. B. die Beseitigung der Spasmen und der Kontrakturen, über die Behandlung des Torticollis usw. gesprochen.

Die operative Behandlung der spastischen Lähmungen (Hemiplegie, Monoplegie, Paraplegie) bei Kopf- und Rückenmarkschüssen

Dtsch. Zschr. Nervenhk. *58*, 151—215 (1918).

... Ich möchte daher die Summe der Eingriffe, die für das hemiplegische Bein in Betracht kommen, als eine typische Operation ansehen. Die Bestandteile dieser Operation sind die *plastische Verlängerung der Achillessehne, Resektion der Bündel für den Tibialis posticus und den Flexor digitorum im N. tibialis, Spaltung der Sehne des Tibialis anticus der Länge nach und Überpflanzung des abgespaltenen Teiles auf den äußeren Fußrand. Partielle Resektion der Bündel für die einzelnen Quadrizepsköpfe im Bereiche des N. cruralis ...*

FOERSTER *schafft die neurologischen Grundlagen der heutigen Übungstherapie*

FOERSTER verband aber als Neurologen auch das Interesse an der „Übungstherapie" mit dem Orthopäden. Er hat in der Neurologie überhaupt das Interesse für eine Nachbehandlung geweckt und durch seine genaue Analyse der „gestörten Bewegung" die Grundlagen für eine sinnvolle, weil der besonderen Lage angepaßte, gymnastische Heilbehandlung geschaffen. Ausgangspunkt war für ihn die Tabes mit ihren Koordinationsstörungen, später auch besonders die Pyramidenlähmung verschiedenster Genese. HOHMANN weist in seinem Nachruf zu Recht darauf hin, daß FOERSTER hier Grundlegendes für die Übungstherapie auch der Orthopädie geschaffen hat. Heute ist klar, daß motorische Rehabilitation ohne genaueste Mitarbeit der Neurologen, d. h. ohne Bewegungsanalyse, gar nicht gelingt. Aber nicht nur die vorherige Kenntnis der Bewegungsstörung ist Voraussetzung für die Besserung durch Heilgymnastik, sondern die genaue Kenntnis des Möglichen, d. h. die Kenntnis der Restitutionsmöglichkeiten. Auch hier hat FOERSTER z. B. durch Beschreibung der Bewegungssynergien grundlegende Voraussetzungen für die erfolgreiche Rehabilitation des Hemiplegikers hinterlassen.

Übungstherapie bei Tabes dorsalis
Deutsche Ärzte-Zeitung 1901, Heft 5.

… Dieser Heilfaktor ist die *Übung*, weshalb die Methode auch von ihrem Autor sehr treffend als *Übungstherapie* bezeichnet ist. Sie ist von FRENKEL vor 11 Jahren zuerst systematisch angewandt und wissenschaftlich begründet worden … Die anfängliche unkoordinierte Bewegung wird erst durch *Übung*, d. h. durch aufmerksame Wiederholung derselben koordiniert. Gehen, Laufen, Springen, Greifen, Schreiben, vollends alle komplizierten Fertigkeiten, wie Seiltanzen oder Klavierspielen, Zeichnen etc., müssen erst durch Übung erlernt werden. Diese Fähigkeit des Organismus, koordinierte Bewegungen erlernen zu können, bleibt bei der Tabes erhalten, und auf ihr basiert die Übungstherapie …

… Es liegt im Wesen der ganzen Methode, daß die Resultate nur sehr langsam errungen werden können, ja um einen nur geringen Fortschritt konstatieren zu können, bedarf es oft Wochen und Monate. Manchmal, namentlich bei solchen Kranken, die seit Monaten oder Jahren im Bett gelegen haben, erzielt man jedoch zu Beginn der Behandlung oft frappierend rasche Resultate …

Die Störungen in der Fixation des Knies und Beckens bei Nervenkrankheiten
Verhdlg. Dtsch. Ges. Orthop. Chir. IX, 221–251.

… Die wichtigste Störung in der Fixation des Beckens ist aber meines Erachtens das Herabsinken desselben nach der Seite des Schwungbeines beim Gange infolge der mangelnden seitlichen Fixation durch den Glutaeus medius auf dem Stützbein. Ich habe bereits 1902 darauf aufmerksam gemacht, daß dieses Wegkippen des Beckens und Rumpfes nach der Seite des Schwungbeins eine der wesentlichsten und konstantesten Komponenten der tabischen Gangstörung bildet. Der wackelnde, schwankende Gang beruht zum großen Teil darauf. Da Becken und Rumpf bei jedem Schritt mehr oder

weniger nach der Seite des Schwungbeins zu abweichen, so wird, um den Schwerpunkt
möglichst inmitten der Fußbasis zu erhalten, das Schwungbein in mehr weniger abduzier-
ter Haltung auf den Boden gesetzt, woraus der breitbeinige Gang resultiert. Ich zeige
Ihnen hier zunächst ein Bild (Fig. 10 a—f) von einem ganz schweren Tabesfall herrührend,
die das völlige Wegkippen des Beckens und Übersinken des Rumpfes nach der Seite des
linken Schwungbeins sowie das starke Heraustreten der Hüfte des rechten Stützbeins
zeigt; von anderen schweren Fällen tritt das Phänomen beim gewöhnlichen Gang nicht so
drastisch hervor, wohl aber beim Stehen auf einem Bein, besonders auch beim Gehen auf
schmaler Basis, wo ein Bein vor das andere gesetzt wird (Fig. 11 a) ... Die Spannung des
Glutaeus medius bei der Tabes bleibt nur aus wegen mangelnder sensibler Anregung;
sie kann aber durch willkürliche Innervation ersetzt werden und darin liegt der Schlüssel
für die Therapie ...

Für die Vor- und Nachbehandlung der Schußverletzungen der peripheren Nerven galten auch noch im
zweiten Weltkriege FOERSTERs große Erfahrungen. Er betonte hier besonders die Elektro- und die
Übungstherapie.

Leitsätze für die Behandlung von Schußverletzungen für die peripheren Nerven
Herausgegeben von der Heeressanitätsinspektion 1939.

... a) *Elektrotherapie.*
Die konservative Therapie, die in jedem Falle von Nervenschußverletzung zunächst anzu-
wenden ist, besteht erstens in einer sachgemäßen und sorgfältigen *Elektrotherapie,* und
zwar in der Anwendung von galvanischen Schließungsreizen, weil durch diese allein der
gelähmte Muskel auch tatsächlich zur Kontraktion veranlaßt wird ...
... c) *Passive Bewegungsübungen.*
Dieselben sind mehrmals am Tage vorzunehmen und bestehen darin, daß das gelähmte
Glied hin und her bewegt wird unter möglichst vollkommener Ausnützung der Gesamt-
spielbreite des Gelenks, und zwar mit Bezug auf sämtliche Achsen desselben ...

Übungstherapie
Handbuch der Neurologie, Band 8: Allgemeine Neurologie, Julius Springer, Berlin 1936, Seite 316 ff.

... die meisten motorischen Störungen, welche durch Läsionen des Nervensystems bedingt
werden ... einen mehr oder weniger weitgehenden Ausgleich auch dann erfahren, wenn

weder eine Reversion der Noxe noch eine Regeneration des zugrunde gegangenen Nervengewebes in Betracht kommt, lediglich auf dem Wege der Reorganisation der verbliebenen Anteile des Nervensystems, das nicht eine aus einzelnen Teilen zusammengesetzte Maschine darstellt, die stillsteht, wenn ein Teil den Dienst versagt, sondern eine bewunderungswürdige Plastizität besitzt und eine erstaunlich weitgehende Anpassungsfähigkeit nicht nur an veränderte äußere Bedingungen, sondern auch an Eingriffe in seine eigene Substanz aufweist. Die Übungstherapie greift in den Gang der Spontanrestitution ein, fördert dieselbe, baut sie aus. Gar nicht selten bringt sie dieselbe überhaupt erst in Gang, wenn die der Spontanrestitution zugrunde liegenden Kräfte brach liegen und vom Organismus nicht entfaltet werden, wie etwa bei den sogenannten Gewohnheitslähmungen oder manchen cerebralen Hemiplegien . . .

. . . Es ist nicht möglich, etwa *eine* allgemeingültige Übungstherapie der motorischen Störungen bei den Erkrankungen des Nervensystems schlechthin zu entwerfen, sondern es ist erforderlich, die verschiedenen motorischen Syndrome analytisch zu zergliedern und aufzuzeigen, wie die einzelnen Komponenten des Syndroms durch Übung ausgeglichen werden können . . .

4. Klinische Syndrome

a) Das *Pallidum-Syndrom,*
b) das *athetotische Syndrom,*
c) das *choreatische Syndrom,*
d) das *Crampus-Syndrom,*
e) das *atonisch-astatische Syndrom,*
f) die *Querschnittssyndrome des Rückenmarks.*

Unter den klinischen Syndromen der Kinder-Neurologie hat eines den Namen FOERSTERs behalten, das „atonisch-astatische", das in der Differentialdiagnose zur Myatonia congenita OPPENHEIM und der beginnenden spinalen Muskelatrophie vom Typus WERNICKE-HOFFMANN stets genannt werden muß.
Zu den klassischen Beschreibungen klinischer Syndrome gehören FOERSTERs Arbeiten über die oralen Stammganglien, auch wenn seine topographischen Benennungen heute komplexeren Vorstellungen weichen mußten.

Zur Analyse und Pathophysiologie der striären Bewegungsstörungen

Zschr. ges. Neurol. u. Psychiatr. 73, 1—169 (1921) mit 173 Abbildungen.

. . . Wenn ich nach eifrigem Studium der ungeheuren Literatur über die striären Bewegungsstörungen und auf Grund eingehender Untersuchungen einer sehr großen

Zahl einschlägiger Fälle, die ich zumeist sehr lange beobachtet habe und durch die verschiedensten therapeutischen Methoden zu beeinflussen bestrebt war, an eine Analyse und pathophysiologische Erklärung der striären Bewegungsstörungen herantrete, so bin ich mir der Schwierigkeit dieses Unternehmens voll bewußt. Diese Schwierigkeit liegt in der großen Mannigfaltigkeit der motorischen Bilder, in der Inkonstanz einzelner Phänomene, in der Mischung verschiedener Grundtypen, in der nicht seltenen Beimengung extrastriärer Bewegungsstörungen, und nicht zuletzt in dem Umstande, daß für manche als striär angesprochene Bewegungsstörungen die anatomische Grundlage noch nicht oder nur ungenügend geschaffen ist ...

... Es kommt m. E. nun darauf an, daß es gelingt, aus der durch die soeben angegebenen Umstände bedingten großen Mannigfaltigkeit der Bilder, die die striären Bewegungsstörungen zeigen, *bestimmte Grundtypen herauszuschälen, diese möglichst scharf zu umreißen und in ihre Grundkomponenten aufzulösen und für sie auf Grund ihrer anatomischen Grundlage eine pathophysiologische Erklärung zu gewinnen* ...

Das Pallidumsyndrom: ... Resümieren wir die einzelnen Komponenten des Pallidumsyndroms noch einmal. Die wichtigsten sind:

1. Tremor in der Ruhe, der nicht selten fehlen kann;
2. Erhöhung des plastischen, formgebenden Muskeltonus;
3. Erhöhung des passiven Dehnungswiderstandes der Muskeln (Rigor);
4. Spannungsentwicklung der Muskeln bei passiver Annäherung ihrer Insertionspunkte (Adaptationsspannung, Fixationsspannung, kataleptisches Verhalten der Glieder);
5. tonische Nachdauer der Kontraktion bei elektrischer Reizung;
6. Fehlen der Irradiation bei Reflexbewegungen, Fehlen der für das Pyramidenbahnsyndrom charakteristischen Reflexsynergien, Fehlen des Reflexrückschlages (rebound reaction); tonische Nachdauer der Reflexbewegung;
7. Fehlen der Reaktivbewegungen, Fehlen der Ausdrucksbewegungen, evtl. tonische Nachdauer derselben;
8. Einschränkung der willkürlichen Spontan- und Initiativbewegungen (Bewegungsarmut), verlangsamter Bewegungsbeginn, verlangsamter Bewegungsablauf, geringe Bewegungsexkursion, Ermüdbarkeit und Abschwächung der groben Muskelkraft bei Willkürbewegungen, bei apoplektischer Entstehung vorübergehende totale Lähmung; tonische Nachdauer ausgeführter Willkürbewegungen.

(Auch soll das Pallidumsyndrom charakterisiert sein durch) ... Fehlen normaler Mitbewegungen bei zusammengesetzten willkürlichen Bewegungsakten, mangelnde Verstärkung normaler Mitbewegungen, Fehlen der für das Pyramidenbahnsystem charakteristischen Bewegungssynergien, daher Erhaltenbleiben isolierter Willkürbewegungen einzelner Glieder und Gliedteile ...

Das athetotische Striatumsyndrom: ... Wir haben nunmehr das athetotische Striatumsyndrom in seinen Hauptzügen geschildert. Fassen wir dieselben noch einmal kurz zusammen, so ergeben sich folgende Hauptsymptome:
1. Athetotisches Bewegungsspiel in der Ruhe;
2. eine Herabsetzung des plastischen formgebenden Muskeltonus im Momente des Krampfintervalles;
3. Haltungsanomalien der Glieder und des Rumpfes, die der Hockerstellung entsprechen;
4. eine Überdehnbarkeit der Muskeln;
5. Neigung zur Fixationsspannung, die aber inkonstant und variabel ist;
6. außerordentliche intensive und extensive Reaktiv- und Ausdrucksbewegungen mit Neigung zu tonischer Nachdauer;
7. ausgesprochene Mitinnervationen und Mitbewegungen bei willkürlichen Bewegungen;
8. Unfähigkeit zu Sitzen, zu Stehen und zu Gehen. Ersatz dieser Leistungen durch reaktive Massenbewegungen des Körpers, die an die Kletterbewegung erinnern ...

Das choreatische Syndrom: ... Da steht an erster Stelle die *Chorea.* Das choreatische Syndrom besteht aus folgenden Komponenten:
1. Choreatisches Bewegungsspiel in der Ruhe;
2. Herabsetzung des plastischen Muskeltonus;
3. verminderter Dehnungswiderstand, Überdehnbarkeit der Muskeln;
4. inkonstante, flüchtige Fixationsspannung der Muskeln;
5. lebhafte Steigerung der Reaktions- und Ausdrucksbewegungen, geringe Neigung zu tonischer Nachdauer;
6. ausgesprochene Mitinnervationen und Mitbewegungen bei willkürlichen Bewegungen.
7. Unmöglichkeit des Sitzens, Aufsetzens, Stehens und Gehens in schweren Fällen. Ersatz dieser Leistungen durch reaktive Massenbewegungen vom choreatischen Charakter ...

Das striäre Crampussyndrom: ... Vergleichen wir das striäre Crampussyndrom, wie ich es nennen möchte, mit dem athetotischen Syndrom, so ist die Übereinstimmung auch in vielen Punkten eine weitgehende. Die Krampfzustände in den Muskeln der Wirbelsäule, speziell die Überstreckung derselben, aber auch die Torsionen und Lateralflexionen derselben sind der schweren allgemeinen Athetose durchaus nicht fremd; sie werden hierbei genau so beobachtet, wie beim Crampussyndrom; die Neigung zu Crampussynergien, die Abhängigkeit von Affekten, sensiblen und sensorischen Eindrücken, von der Körperlage, die Steigerung durch willkürliche Innervation ist hier wie dort die gleiche. Wir finden dieselbe Überdehnbarkeit der Muskeln. Von einer allgemeinen Steigerung der Reaktions- und Ausdrucksbewegungen, wie sie bei der Athetose besteht, kann aber nicht gut gesprochen werden, ebensowenig von einer typischen Massenbewegung, die bei der Athetose bei Willkürbewegungen auftritt. Beim Crampussyndrom fährt auf einen sensiblen oder sensorischen Eindruck, auf eine Emotion hin, die Reaktion sozusagen immer in die auch spontan vom Crampus ergriffenen Muskeln und synergischen Muskelgruppen, und zwar auch wieder in Form des Crampus; ebenso werden diese Muskeln vom Crampus befallen, wenn sie oder eine Gruppe von ihnen willkürlich innerviert werden. Die bei der Athetose so schwer geschädigten Leistungen des Sitzens, Stehens und Gehens sind an sich nicht geschädigt, werden aber durch interkurrierende Crampi oft sehr behindert und in ihrer Form kompensatorisch abgeändert ...

Der atonisch-astatische Typus der infantilen Cerebrallähmung *
Dtsch. Arch. f. klin. Med., 98, 216–244 (1910).

... Ich möchte nun im folgenden die Aufmerksamkeit auf eine *vierte Form der Bewegungsstörung bei der infantilen Cerebrallähmung hinlenken*, die einen eigenartigen Typus darstellt, der bisher keine besondere Beachtung gefunden hat. Der Typus lehnt sich in mancher Hinsicht an die cerebellare und wohl auch an die choreatische Bewegungsstörung, die ja beide unter sich auch engere Beziehungen haben, an ...

... Die gesteigerte passive Beweglichkeit ist also eine generalisierte. An dieser erhöhten passiven Beweglichkeit, die teilweise noch größer ist als die, welche wir bei der Tabes dorsalis oder bei Poliomyelitis, wenn die betreffenden Muskelgruppen ganz fehlen, antreffen, ist in erster Linie die Muskelschlaffheit, *die Atonie*, richtiger gesagt *der Mangel jeglicher unwillkürlichen Gegenspannung der Muskeln* bei passiver Dehnung schuld ...

... Zweitens besteht nun in allen unseren Fällen neben der Muskelatonie und gesteigerten passiven Beweglichkeit eine absolute *Unfähigkeit zu statischen Muskelleistungen* ...

... Ebenso auffallend wie die des Kopfes ist die *Astasie des Rumpfes beim Sitzen*. Die Kinder können nicht sitzen, der Rumpf fällt je nach der Disposition des Schwerpunktes mit seiner ganzen Masse nach vorne (Fig 7 und 16) oder nach hinten (Fig. 8) oder nach der Seite um ...

---

* später nach Foerster bezeichnet.

44

... Drittens zeigt sich nun völlige *Astasie beim Stehen.* Stellt man die Kinder auf den
Boden, so brechen sie wie eine Gliederpuppe zusammen (Fig. 19), die Unterschenkel
knicken gegen die Füße nach vorn über, die Knie sinken in Beugung, Becken und Ober-
körper fallen gegen die Oberschenkel nach vorn über, Kopf und Wirbelsäule krümmen
sich ebenfalls nach vorne ...

... Naturgemäß ist auch das Gehen geschädigt. Speziell ist daran schuld das gänzliche
Versagen des Stützbeines, das anfangs in allen Gelenken einknickt, während das
Schwungbein in Fuß, Knie und Hüfte gut eingebeugt und vorgesetzt wird ...

... Die vollkommene Unfähigkeit den Kopf zu halten, zu sitzen, zu stehen, die in unseren
Fällen bestand, ließ wie gesagt auf den ersten Blick an eine völlige Lähmung der in Frage
kommenden Muskeln denken. Eine solche bestand aber keineswegs. *Die aktive Beweglichkeit* verhält sich vielmehr in allen unseren Fällen übereinstimmend folgendermaßen.
Abgesehen von einer gewissen Periode von einigen Wochen unmittelbar post partum, in
welcher nach Angabe der Mutter die Kinder zunächst keinerlei Bewegungen ausführen,
sondern mit Kopf, Rumpf und Extremitäten regungslos daliegen, werden in der Folgezeit
alle Körperteile kräftig bewegt ...

... Dabei sind die Muskeln einerseits keineswegs atrophisch und zeigen keine Störung
ihrer elektrischen Erregbarkeit, andererseits sind *ihre Sehnenreflexe erhalten* ...

... *Zweitens* besteht in unseren Fällen eine typische Koordinationsstörung, die sich dahin
äußert, daß die einzelnen Muskelgruppen kräftig agieren, wenn sie als Agonisten die
ihnen zufallende Bewegung auszuführen haben, m. a. W., daß die einzelnen Bewegungen
alle ausgeführt werden können, daß die Muskeln aber *völlig versagen bei den ihnen
zufallenden statischen Aufgaben* (Fixation des Kopfes, Fixation des Rumpfes und der Wirbelsäule beim Sitzen, Fixation der Beinabschnitte und des Rumpfes beim Stehen und
Gehen) und wenn *sie als Antagonisten eine Bewegung zu dämpfen und im gegebenen
Momente* zu arretieren haben oder wenn sie als *kollaterale Synergisten* ein bewegtes
Glied in der Bewegungsebene zu fixieren haben ...

Die Querschnittssyndrome des Rückenmarks

Handbuch der Neurologie, Bd. 5: Allgemeine Symptomatologie III, S. 106, 1936.

Es gibt bis heute noch nicht wieder eine so exakte Beschreibung der sogenannten Transversal-(Quer-
schnitts-)Syndrome, wie sie FOERSTER ausführlich im Handbuch der Neurologie niedergelegt hat.

... Bei der Quertrennung des Markes im Bereiche des 7. Cervicalsegmentes sind Supraspinatus, Infraspinatus und Teres minor, Deltoideus, Biceps, Brachialis, Brachioradialis und Supinator brevis vollkommen intakt. Außerdem ist aber auch die Funktion des Subscapularis, Pectoralis major, Latissimus, Teres major und Pronator teres wenigstens partiell erhalten. Auch die Funktion des Extensor carpi radialis longus fand ich in allen einschlägigen Fällen relativ gut erhalten. Hingegen fand ich den Triceps stets total gelähmt. Ich hebe das im Gegensatz zu KOCHER hervor, welcher beim Transversalsyndrom C_7 den Triceps unter den nichtgelähmten Muskeln anführt. Außer dem Extensor carpi radialis longus sind alle Hand- und Fingermuskeln gelähmt. Die geringen Innervationsbezüge, welche Flexor carp. radialis und Extensor digitorum communis nicht selten aus C_8 erhalten, reichen bei der Quertrennung im Bereiche von C_7 nicht aus, um eine einigermaßen in die Waagschale fallende Leistungsfähigkeit dieser Muskeln zu gewährleisten.

Die Ruhelage der oberen Extremität wird beim Transversalsyndrom C_7 in erster Linie durch das Überwiegen der intakten Vorderarmbeuger über den gelähmten Strecker charakterisiert; die Vorderarme werden spitzwinkelig gebeugt gehalten (Abb. 76). Der für das Transversalsyndrom C_6 charakteristische Schulterhochstand ist beim Transversalsyndrom C_7 viel geringer, weil die Schultersenker (Pectoralis und Latissimus) von der Lähmung weitgehend verschont sind. Infolge der relativen Integrität der Innenrotatoren des Humerus (Subscapularis, Pectoralis major, Latissimus) fehlt auch die beim Transversalsyndrom C_6 nicht selten vorhandene Außenrotation des Humerus. Desgleichen ist infolge der Leistungsfähigkeit des Pectoralis, Latissimus und Teres major, welche bekanntlich als Adductoren des Oberarmes fungieren, die Abduktionsstellung des Humerus beim Transversalsyndrom C_7 weniger ausgesprochen als beim Transversalsyndrom C_6. Auch die beim Transversalsyndrom C_6 stark hervorstechende Supinationsstellung der Hand kann infolge der relativen Integrität des Pronator teres beim Transversalsyndrom C_7 weniger ausgesprochen sein ...

5. Neuroradiologische Erfahrungen

FOERSTER übernahm schon sehr frühzeitig die Ventrikulographie DANDYs nach der Methode BINGELs und berichtete 1925 über seine Erfahrungen bei 100 encephalographierten Fällen. Er ging besonders auf die congenitalen Hirnschädigungen, u. a. einen Fall des atonisch-astatischen Cerebralsyndroms ein, auf die früherworbenen cerebralen Schädigungen, die Befunde bei Hemiplegie der Älteren, bei Epilepsie, bei

Tumoren (u. a. auch ein Vierhügeltumor!) und Pseudotumor cerebri sowie auf die Befunde bei Encephalitis und Hirntrauma. Gerade auf dem letzten Gebiet hatte FOERSTER ausgedehnte Erfahrungen sammeln können.

Encephalographische Erfahrungen

Zschr. ges. Neurol. Psychiat. *94*, 512–584 (1925).

... Die encephalographischen Befunde bei den traumatischen Hirnläsionen ergeben also wieder, daß der Ventrikel ein außerordentlich feines Reagens auf den Prozeß in der durch das Trauma getroffenen Hemisphäre darstellt. Die Erweiterung des der Seite des Traumas entsprechenden Ventrikels finden wir sogar da, wo klinisch gar keine eigentlichen Herdsymptome vorhanden sind (Fall 39), oder wo dieselben nur anfallsweise auftreten, wie in Fall 41. Auf Seitenbildern erkennt man die direkte Beziehung der Erweiterung zu der Stelle der Hirnläsion besonders gut (Fall 40). Der Ventrikel erscheint hier förmlich von der Läsion angezogen. Ich habe mich schon früher bei zahlreichen Schußverletzungen des Gehirns, die ich während des Krieges beobachtet habe, durch die Ventrikelpunktion davon immer wieder überzeugt, welche hochgradige Erweiterung der Ventrikel der verletzten Hemisphäre aufweist. Der Hydrocephalus internus unilateralis gehört fast zum Bilde der Schußverletzung der Hirnhemisphäre. Ich habe mich aber auch von der engeren Beziehung der Ventrikelerweiterung zu der Stelle der Läsion mehrfach direkt überzeugen können. Ich habe vorhin gesagt, daß im encephalographischen Seitenbilde der Ventrikel förmlich von der Läsionsstelle wie angezogen erscheine. Ich möchte geradezu von einer „Ventrikelwanderung" zur Läsion hin sprechen. Diese erfolgt langsam und allmählich ...

II. Beiträge zur Neurochirurgie

1. Die Hinterwurzeldurchschneidung zur Verminderung der Spastik ("FOERSTERsche Operation")

FOERSTER *führt die Hinterwurzeldurchschneidung ein.*

Die Beschäftigung mit der Übungstherapie bei den Tabikern und die alte Beobachtung, daß Hemiplegien bei Tabikern meist im tabisch erkrankten Gebiet, "schlaff" verliefen, hatte FOERSTER den Gedanken gegeben, daß die operative Zerstörung der Hinterwurzeln möglicherweise die cerebral bedingte Spastik beseitigen könnte. So schlug er 1908 die Hinterwurzel-Durchschneidung (den später als "Foerster'sche Operation" bezeichneten Eingriff) vor, die seinen Namen rasch international bekannt machte. Zwar hat sie nicht das gehalten, was FOERSTER sich ursprünglich von ihr versprochen hatte, zumal die Entstehung dieser "cerebralen" Spastik damals ebenso wenig wie heute nach der Erfassung des "Gamma-Systems" in ihrer Pathogenese klar ist. Dagegen leistet die Methode der Hinterwurzeldurchschneidung sehr viel mehr bei rein spinaler Spastik, d. h. dem Vorherrschen der sogenannten Beugereflex-Synergien. Sie wird heute leichter durch Alkoholverödung der Hinterwurzel im Spinalkanal erreicht.

Über eine neue operative Methode der Behandlung spastischer Lähmungen mittels Resektion hinterer Rückenmarkswurzeln

Zschr. Orthop. Chir. 22, 203–223 (1908).

... Meine Herren! Diesem Winke der menschlichen Pathologie brauchen wir nur zu folgen. Wenn die spastische Muskelkontraktur wirklich auf einem infolge der Pyramidenbahnunterbrechung ungehemmt waltenden Reflexe beruht, so muß man sie dadurch aufheben können, *daß man ein Glied in der Kette des Reflexbogens operativ durchtrennt.* Der motorische Teil des Reflexbogens, d. h. Vorderhorn, vordere Wurzel, motorischer Nerv, können naturgemäß nicht in Frage kommen, da ihre Ausschaltung zwar die Kontraktur aufheben, aber gleichzeitig vollkommene schlaffe Lähmung der kontrakturierten Muskeln erzeugen würde. Von dem sensiblen Anteil des Reflexbogens sind die peripheren sensiblen Nerven mit den motorischen Fasern überall so innig gemischt, daß ihre isolierte Ausschaltung unmöglich ist. Das von der Natur vorgeführte Experiment, die Ausschaltung der Hinterstränge im Bereich der Wurzeleintrittszone, kann auch nicht in Betracht kommen, das Rückenmark ist als ein Noli me tangere zu betrachten.
Bleibt als einzig wirklich isolierbares Stück des sensiblen Teils des Reflexbogens die *hintere Wurzel* ...
... Wollen wir nun den bisher entwickelten allgemeinen Gesichtspunkt praktisch anwen-

48

den, so haben wir in einem gegebenen Falle festzustellen, welche Muskelgruppen sich vorzugsweise im Zustande der Kontraktur befinden und welche spinalen Segmente die reflektorische Erregbarkeit dieser Muskelgruppen vermitteln. Aus diesen Segmenten trifft man die Auswahl am besten in der Weise, daß man möglichst sucht, zwei aufeinanderfolgende Wurzeln nicht zu entfernen …

… *Mit dem Verschwinden der Kontrakturen und der Wiederherstellung einer ungefähr normalen passiven Beweglichkeit und Exkursionsbreite der Glieder* ist aber der Vorteil, den der Knabe von der Operation gehabt hat, durchaus nicht erschöpft. Vielmehr hat sich, wie Sie sehen, auch die *aktive Beweglichkeit* in weitestem Umfange hergestellt. Was besonders hervorzuheben ist, es können isolierte Bewegungen eines Beines und der einzelnen Abschnitte des Beines willkürlich ausgeführt werden. Der Fuß kann in vollem Umfange willkürlich dorsalflektiert und plantarflektiert werden, ohne daß eine Beugung bzw. Streckung in Knie und Hüfte miterfolgte …

… Handelte es sich bei dem eben beschriebenen Fall um eine spastische Paraplegie kortikalen Ursprungs, so liegt bei dem nun zu demonstrierenden 2. Fall eine spastische Paraplegie spinalen Ursprungs vor … … … 10-jähriges Mädchen, das seit dem 3. Lebensjahre an *Spondylitis tuberculosa der Halswirbelsäule* leidet; infolgedessen besteht starker Gibbus daselbst, zunehmende Kompression des Rückenmarks und Lähmung der Beine, welche seit Weihnachten 1905 die Gehfähigkeit vollkommen aufgehoben hat … … … Gehen ist selbst bei kräftigster Unterstützung ganz ausgeschlossen, da die Kranke das rechte Bein gar nicht vom Fleck bekommt und das linke nur manchmal um eine Spur versetzen kann … … … Die willkürliche Beweglichkeit hat sich auch beträchtlich gebessert, besonders links … … … Die unwillkürlichen krampfhaften Beugebewegungen der Beine, die vor der Operation so sehr lästig für die Kleine waren, sind ganz verschwunden. Ebenso führen die Beine nicht mehr die krampfhaften Beugungen als Mitbewegungen aus, wenn das Kind sich aufsetzt oder sitzt …

… Noch kurz ein Wort über das Indikationsgebiet. Es eignen sich für die Methode meines Erachtens alle schweren spastischen Paraplegien der Beine, einerlei ob auf kortikaler oder spinaler Erkrankung beruhend …

2. Hinterwurzeldurchschneidung bei gastrischen Krisen

Das genaue Studium so zahlreicher Tabiker bei der Übungstherapie hatte ihn mit dem qualvollen Leiden der „lanzinierenden Schmerzen" und der „gastrischen Krisen" vertraut gemacht, nach den Hinterwurzeldurchschneidungen hatte er Gelegenheit, die Hauptschmerzleitung im Rückenmark zu studieren. So kam ihm die Idee, durch die Resektion hinterer Wurzeln auch diese quälenden Schmerzsyndrome zu beseitigen.

Über operative Behandlung gastrischer Krisen durch Resektion der 7.—10. hinteren Dorsalwurzel

Beitr. klin. Chir. *63*, 245–256 (1909).

... Wenn wir also von der Auffassung ausgehen, daß der Magenkrise, die ihrem Wesen nach ein sensibles Reizphänomen darstellt, ein krankhafter Reiz der sensiblen Magenfasern zugrunde liegt, so haben wir uns zunächst zu fragen, welche *Nerven der sensiblen Versorgung des Magens dienen.* Die Physiologie lehrt, daß einmal der Nervus vagus sensible Magenfasern enthält, zweitens geht ein Teil aber sicher durch sympathische Fasern, welche vom Magen in den Plexus coeliacus eintreten, von diesen in den N. splanchnicus major und mit dessen Rami communicantes in die hinteren Wurzeln des Rückenmarks gelangen; und zwar geht aus den Untersuchungen HEADs hervor, daß speziell die 7.—9. hintere Dorsalwurzel diese sensiblen Sympathicusfasern des Magens führt ...

... Da einerseits jede bisherige Therapie ohne Erfolg geblieben war, andererseits der Zustand eine unsägliche Qual und hohe Lebensgefahr für den Kranken bedeutete, dieser tatsächlich zum Skelett abgemagert war und wochenlang buchstäblich nur von Morphium lebte, so haben wir uns hier entschlossen, die *Quelle der gastrischen Krisen, die nach unseren obigen Ausführungen in einem krankhaften Reizzustand der 7. bis 9. hinteren Dorsalwurzel zu erblicken ist, durch Resektion dieser Wurzeln auszuschalten* ...

FOERSTER berichtet über die Ergebnisse der Hinterwurzeldurchschneidung auf dem Internationalen Kongreß für Innere Medizin in London.

Resection of the Posterior Spinal Nerve-Roots in the Treatment of Gastric Crises and Spastic Paralysis.

Proc. Royal Soc. Med., July 1911.

... Last summer, GOTTSTEIN and I cut the fourth and fifth lumbar and first sacral roots in a tabetic patient suffering from a perfectly localized neuralgia of the internal malleolus; for some weeks there was complete absence of pain, but afterwards it recurred as badly as before. I am inclined to believe that if resection of the posterior nerve-roots is to be performed at all in cases of tabes with lightning pains, it will be necessary to remove all the roots of one extremity at once; for we never know with absolute certainty which roots are particularly influenced by the morbid stimuli, and there is considerable overlapping of the regions supplied by the different roots ...

... When I suggested performing resection of certain posterior thoracic roots in cases of visceral crises I was influenced by a consideration of the severe pain and symptoms of sensory irritation which form the basis of these crises, and of the often enormously increased hyperaesthesia of the skin of the epi-, meso- and hypogastrium which accompany the crisis ...

... The operation has now been performed altogether twenty-eight times, as shown by Table I (p. 228). Three cases succumbed to the immediate effects of the operation, two showed no improvement, the crises persisting. In the remaining twenty-three cases the operation was successful. Immediately after the resection of the roots the crises disappeared, the body-weight increased, and the general condition showed a marked improvement: some of the patients who, until then, had been absolutely confined to their bed for some time, have since regained their power to work. In the majority of these cases (fifteen) no relapse has been reported ...

... I will now discuss the value of resection of the posterior spinal nerve-roots in spastic paralysis due to disease of the cortico-spinal path, especially the pyramidal tract ...

... The operation has hitherto been performed in eightyone cases, as is shown by Table II. Of these, nine died as the result of the operation; seventy-two survived; fifty-one were cases of congenital spastic paraplegia (LITTLEs disease); almost all these patients have been benefited by the operation, some of them showing a marked improvement ...

3. Durchschneidung der Schmerzbahn im Rückenmark, sogenannte Vorderseitenstrangdurchschneidung

FOERSTER *wird führend in der Schmerzchirurgie*

Die Hinterwurzeldurchschneidung bei lanzinierenden Schmerzen und gastrischen Krisen bedeutete den ersten Schritt in die Schmerzchirurgie. Eine Komplikation bei einem eigenen Fall von Hinterwurzeldurchschneidung, die zu unerträglichen Schmerzen führte, veranlaßte ihn 1912, zusammen mit dem Chirurgen TIETZE — unabhängig von SPILLER und MARTIN, wenn auch tatsächlich ein Jahr später als diese — die Durchschneidung des Vorder-Seitenstranges zu versuchen. Diese Vorderseitenstrang-Durchschneidung, auch heute noch eine der wichtigsten Methoden der Schmerzbeseitigung, wurde später von ihm — mit GAGEL — genau untersucht. Das Ergebnis war die grundlegende pathophysiologische und morphologische Studie des Tractus spino-thalamicus. — Ob die Temperaturfasern wirklich so weit dorsal liegen, wie von FOERSTER angenommen, ob die einzelnen Segmente der Schmerzfasern wirklich rein zwiebelschalenartig übereinander angeordnet sind, steht heute noch zur Diskussion. Ohne Zweifel ist diese Studie aber noch immer der Ausgangspunkt für alle wissenschaftlichen Untersuchungen.

Vorderseitenstrangdurchschneidung im Rückenmark zur Beseitigung von Schmerzen
Berl. klin. Wschr. 50, 1499–1502 (1913).

... Wir beabsichtigten, zur Beseitigung dieses Zustandes noch die 1. und 2. Lenden-
wurzel, die an der sensiblen Versorgung des unteren Abdominalgebietes beteiligt sind, zu
resezieren. Es wurde in den unteren Wundwinkel eingegangen; dabei stießen wir auf
nekrotische, putride Massen im unteren Teil der alten Operationsstelle, die offenbar
Schuld an den Schmerzen gewesen waren. Diese Massen wurden ausgekratzt und dabei
die Dura an einer Stelle eingerissen. Es kam zwar zu keiner Entleerung von Liquor, und
es wurde auch der intraarachnoidale Raum nicht eröffnet, da eine dünne Lamelle von
Arachnoidea stehengeblieben war. Wir fürchteten aber, daß es durch diese dünne Lamelle
hindurch zu einer Infektion der Meningen kommen würde, und strichen deshalb etwas
Jodtinktur auf die Dura an der eingerissenen Stelle auf, in der Absicht, eine möglichst
rasche Verklebung zu erzielen. Zur Infektion der Meningen kam es nicht, aber es folgte
diesem Vorgehen der Jodisierung ein schwerer Übelstand. Es kam offenbar zu einer inten-
siven Reizung der Arachnoidea, und die Folge waren ganz unerträgliche Schmerzen im
ganzen linken Bein. Die Jodisierung war erfolgt etwa in der Höhe des 12. Brustwirbels,
also in der Höhe der Lendenanschwellung. Dazu gesellte sich eine rasch zunehmende
Atrophie und lähmungsartige Schwäche des linken Beines. Die Schmerzen waren von
ganz intensivem Charakter, dauerten Tag und Nacht an und waren nur durch sehr hohe
Morphiumdosen einigermaßen zu lindern. Die Kranke verlangte ganz kategorisch Abhilfe
von diesem unerträglichen Zustand durch eine erneute Operation. Eine nochmalige Freilegung des Rückenmarks an der operierten Stelle und eine Durchschneidung sämtlicher
Lumbosacralwurzeln linksseitig im Bereich der Anschwellung des Marks hielt ich wegen
der zu erwartenden Verwachsung für technisch schwer ausführbar, und ich schlug deshalb
die Durchschneidung des gekreuzten rechten Vorderseitenstrangs des Rückenmarks, der ja
die Schmerzfasern für das linke Bein führt, vor. Die Operation wurde im Bereich des
oberen Brustmarks im Dezember 1912 von Herrn TIETZE und mir ausgeführt. Ich habe
mir den Vorderseitenstrang in der Weise zugänglich gemacht, daß *ich das Rückenmark
an einer vorderen Wurzel etwas um die Längsachse auf mich zudrehte und mit einer sehr
feinen Messerspitze hart vor dem Ligamentum denticulatum einfach einstach und nun
nach vorn und medial das Rückenmark durchschnitt und etwas medial von der Arteria
spinalis anterior wieder mit der Spitze des Messers herauskam. Der Einstich muß vor dem
Ligamentum stattfinden, damit die Pyramidenbahn nicht verletzt wird. Die Arteria spinalis anterior muß* selbstverständlich geschont werden, damit keine Paraplegie entsteht.

Der Erfolg war ein verblüffender. Wie mit der Schärfe eines Experimentes waren die Schmerzen im linken Bein beseitigt. Es bestand Analgesie der linken Körperhälfte bis etwa zur Höhe der linken Mamilla. Die Berührungsempfindung war durch die Operation in keiner Weise beeinflußt. Es bestand nicht die geringste Parese im rechten Bein, nicht einmal Babinski war an den Beinen nachzuweisen. Vorübergehend bestand Blasenschwäche, die aber rasch wieder wich. Die Schmerzen im linken Bein sind seitdem dauernd beseitigt geblieben ...

Die Vorderseitenstrangdurchschneidung beim Menschen.
Eine klinisch-patho-physiologisch-anatomische Studie
mit O. Gagel. Zschr. ges. Neurol. u. Psychiatr. 138, 1—92 (1932).

... Wir führen die Vorderseitenstrangdurchschneidung jetzt stets in der Weise aus, daß wir das Chordotom mit seiner Spitze unmittelbar vor dem Lig. denticulatum ins Mark einstechen. Aus dem Bestreben heraus, den unmittelbar dahinter gelegenen Hinterseitenstrang, der die Pyramidenbahn führt, nur ja nicht zu schädigen, ist es mehrfach vorgekommen, daß wir das Chordotom zunächst zu weit ventral eingeführt und die dorsalen Abschnitte des Vorderseitenstranges verschont haben. In diesen Fällen trat zunächst gar keine Störung der Temperaturempfindung auf, während die Schmerzempfindung vollkommen aufgehoben war. Wenn wir dann aber das Instrument erneut einführten und auch noch die dorsalen Partien des Vorderseitenstranges durchschnitten, so kam es auch zu einer Störung der Temperaturempfindung ...

... Die andere, die Gliederung des Vorderseitenstranges betreffende Frage ist die, ob sich die den einzelnen Hinterhornsegmenten entstammenden Fasern des Vorderseitenstranges während ihres aufsteigenden Verlaufes innerhalb des letzteren untereinander vermischen, oder ob sie eine voneinander getrennte Lage bewahren, mit anderen Worten, ob der Vorderseitenstrang eine segmentale Gliederung besitzt. Dies muß unseres Erachtens unbedingt bejaht werden. Wir haben diese Annahme bereits in früheren Arbeiten ausführlich vertreten. Wir sind der Meinung (vgl. Abb. 53), daß die aus den einzelnen Hinterhornsegmenten stammenden und im Vorderseitenstrang aufsteigenden Bahnen *nach dem Prinzip der exzentrischen Lagerung der langen Bahnen des Rückenmarks gruppiert sind.* Sie sind gleichsam in konzentrischen Halbkreisen um die graue Substanz des Vorderhorns herum angeordnet, in der Weise, daß die äußersten Lamellen die Bahnen aus den caudalsten Segmenten, die am weitesten innen gelagerten Lamellen die Fasern aus den oral-

sten Hinterhornsegmenten enthalten. Jedes aus einem Hinterhornsegment stammende
Faserkontingent legt sich bei seinem Eintritt in den gekreuzten Vorderseitenstrang an die
in diesem bereits enthaltenen, aus den tieferen Segmenten stammenden Fasern von innen
her an. Diese Auffassung von der segmentalen Gliederung des Vorderseitenstranges ist
durch die Erfahrungen, die wir bei unseren Chordotomien gesammelt haben, vollkommen
bestätigt worden ...

... Eine derartige lamelläre Segmentalgliederung des Vorderseitenstranges, wie wir sie
hier dargelegt haben, hatte schon H. HEAD angenommen. Er hat über Fälle von Vorder-
seitenstrangerkrankung berichtet, in welchen die unteren Sacraldermatome S 5—S 3 oder
gar S 5—S 1 von der Sensibilitätsstörung verschont waren (Abb. 57 und 58). Auch wir
haben über ähnliche Fälle bereits an anderer Stelle berichtet ...

4. Rückenmarksgeschwülste

FOERSTER *operiert Rückenmarkstumoren*

FOERSTER wurde während und nach dem ersten Weltkriege auch Operateur des Rückenmarks. Er konnte
schon 1917 über den ersten glücklich entfernten intramedullären Tumor berichten, 1920 über die erfolgreiche Operation von 12 Rückenmarkstumoren, von denen 9 eine wesentliche Restitution aufwiesen. In
einer Arbeit mit BAILEY hat er schließlich in einer Festschrift für DAVIDENKOW über seine Erfahrungen
auf diesem Gebiet ausführlich berichtet und bestimmte Techniken empfohlen und ihren Wert mit anderen
verglichen. Inzwischen ist die operative Technik dieser Operation weiter vervollkommnet und viele
Rückenmarkstumoren sind radikal operiert worden. Aber auch FOERSTER selbst hat danach noch weitere
Erfahrungen gewinnen können. 1935 berichtete er über die Operation von 88 Rückenmarkstumoren, von
diesen 30 extradural, 33 intradural und extramedullär und 20 intramedullär gelegen. Bei diesen waren
7 Patienten als Operationsfolge gestorben.

A Contribution to the Study of Gliomas of the Spinal Cord with Special Reference to their Operability

with PERCIVAL BAILEY, State Institute for Public Biology and Medicine, Literature „Jubilee Volume for
Davidenkow", p. 6—67, 1936.

... When a glioma of the spinal cord is disclosed at operation many procedures are
possible, which one may evaluate, in the light of the pathology as follows:
1. One may close the dura mater without disturbing the tumor. The result in the one
instance recorded where such a procedure was followed (DIVRY and TECQUEMEME) does

not incline to this method. The tumor is often under tension which would make the closure of the dura mater difficult.

2. One may leave the dura mater without disturbing the tumor. Prompt amelioration of symptoms may follow (BAILEY and BUCY) and, if the tumor is of benign type, may last for months or years.

3. One may split the dorsal columns and leave the dura mater open. This is the favorite approach to these tumors. Their predominant situation in the dorsal columns justifies it, as will the fact that it is the easiest and most direct route to follow. For infiltrative tumors one should certainly be content with decompressing the tumor by splitting the pia mater and overlying cord.

4. After proceedings as in 3. one may later reopen the wound and attempt to exstirpate the tumor which may in the meantime have partially extruded itself from the cord. This is the method of ELSBERG and BEER and in our experience has not been very successful.

5. One may, after proceedings as in 2., subject the patient to roentgen-radiation . . .

6. Finally one may attempt to dissect out the tumor at the first operation. Our own experience and a study of the literature makes us inclined to think this procedure rarely advisable . . .

5. Chirurgie der peripheren Nerven

FOERSTER übernimmt während des ersten Weltkrieges selbst die Chirurgie der peripheren Nerven

Die große Zahl der Verwundeten des ersten Weltkrieges mit Schußverletzungen der peripheren Nerven veranlaßte FOERSTER, seine Erfahrungen der Vorkriegszeit aus gemeinsamen Operationen mit TIETZE und KÜTTNER nunmehr auszudehnen und selbst zu operieren. Während des Krieges konnte er auf den kriegschirurgischen Tagungen 1917 bereits über eine große Zahl von Operationen am peripheren Nerven (Nervennaht, Neurolyse) berichten, wobei er später von 4748 eigenen Beobachtungen ausgehen konnte. Davon hatte er 775 Patienten selbst operiert. Über seine großen Erfahrungen berichtete er in den drei Ergänzungsbänden zum ersten Handbuch der Neurologie. Im ersten Band brachte er eine Anatomie der peripheren Nerven, die von einem ungeheuren Literaturstudium und den ausgedehnten eigenen Erfahrungen ausging. Sie wurde in vorzüglichen Abbildungen illustriert. Im zweiten Band beschrieb er die Muskeln und deren Funktionen, um schließlich im dritten Band die Chirurgie der Nerven aufgrund seiner Operationserfahrungen wiederzugeben. FOERSTER legte besonderen Wert auf die Vor- und Nachbehandlung mit solchen elektrischen Strömen, die den Muskel noch zur Kontraktion bringen (s. S. 40). Bei dem damaligen Fehlen der Antibiotica und der erhöhten Infektionsgefahr bei primärer Operation war er ein strikter Befürworter der Sekundärnaht, deren Zeitpunkt er je nach der Länge des Nerven mit 4—6 Monaten ansetzte.

Die operative Behandlung der Schußverletzungen der peripheren Nerven
Münch. med. Wschr. 1934, Nr. 31, S. 1183 ff.

... Aus den vorangehenden, allerdings nur sehr summarisch gehaltenen Ausführungen
geht hervor, daß eine große Anzahl von Schußverletzungen der peripheren Nerven
spontan-reparabel sind. Von den 4748 Nerven-Schußverletzungen, welche ich während
des Weltkrieges beobachtet habe, scheiden für die Beurteilung der Frage, in welchem Verhältnis die Zahl der Spontanrestitutionen zur Zahl einer Spontanheilung nicht zugäng-
licher Fälle steht, 1018 Fälle aus, weil sie nicht genügend lange von mir beobachtet werden konnten. Ferner nehme ich aus der *Statistik* alle die Fälle — 815 an der Zahl — heraus,
in welchen es sich um die Läsion rein sensibler Nerven handelte, weil diese für die Frage
der Restitution ganz anders zu bewerten sind als die Fälle von Läsionen der motorischen
bzw. gemischten Nervenstämme. Es verbleiben also für die Beurteilung 2915 Fälle, deren
Verlauf genau verfolgt werden konnte, übrig. Unter diesen kam es in 1320 Fällen, also
in 45% der Fälle, zu einer spontanen Heilung, in 660 Fällen, also in 22% zu einer mehr
oder weniger beträchtlichen Besserung, in 955 Fällen, also in 33%, zu gar keiner oder
einer praktisch so unbedeutenden Spontanrestitution, daß, soweit die Nervenverletzung
als solche in Betracht kam, ein operativer Eingriff indiziert erschien. Von diesen 955 spontan irreparablen Fällen wurde in 180 Fällen (6,5%) die Operation abgelehnt oder sie
konnte wegen besonderer Komplikationen (Pseudoarthrosen, ausgedehnte Narbenbil-
dung, Fistelbildung etc.) nicht vorgenommen werden; in den 775 anderen Fällen (26,5%)
habe ich die Operation ausgeführt. Also nur in 26,5% der Fälle lag ein Grund zu einer
Operation und die Möglichkeit zu einer solchen vor ...

Ohne hier auf die Einzelheiten einzugehen sei festgestellt, daß bei 370 Fällen von reiner Nervennaht in
55% eine Heilung, in 42% eine Besserung und nur in 3% kein Erfolg eingetreten war. Natürlich müßte
man eine solche Statistik nach den Nerven und dem Sitz und der Art Verletzung aufschlüsseln, um ein
klares Bild der Operabilität zu erhalten.

6. Hirnchirurgie: Die Beseitigung der Hirnduranarbe

Die operative Versorgung der Hirnduranarben bei Anfallskranken nach Hirnschuß

Die Verwundeten des ersten Weltkrieges mit Krampfanfällen nach Hirnschußverletzung stellten ein echtes
Problem: das der Anfallsbeseitigung. FOERSTER glaubte, daß durch die Fesselung der Gefäße in der Narbe
leicht angiospastische Phänomene entstehen könnten, die wiederum zum epileptischen Krampfanfall führen
würden. So lag die operative Lösung des Narbengebietes nahe. Über die ersten Ergebnisse hat er in einer

großen zusammenfassenden Arbeit mit PENFIELD berichtet. Hier gab er nicht nur eine Übersicht über die guten operativen Erfolge, sondern zugleich auch als „Beiprodukt" hochinteressante Einblicke in die Ergebnisse der Reizung des Cortex während dieser Operationen. Er hatte sie vorgenommen zur genaueren reizphysiologischen Analyse des Narbengebietes, also um sich „genau zurechtzufinden". Ergebnis war eine feinere „Lokalisation" der Funktionen auf der „Hirnkarte".

The structural basis of traumatic epilepsy and results of radical operation

with W. PENFIELD. Brain 53, 99—119 (1930).

... Exploration of the human cerebral cortex, both in normal and pathological areas in well over 100 cases under local anaesthesia, has made it possible to outline certain definite epileptogenic cortical areas (FOERSTER 4). The areas in the human cortex are analogous to but not identical with the areas outlined by VOGT in monkeys. The movement patterns which follow such stimulation experiments provide a local sign which often makes it possible to localize the irritating focus of an epileptic discharge, even where there are no physical signs to suggest this localization ...

... We have shown that at operation the focal epileptic attacks may often be produced in two ways: either by electrical stimulation of the brain in the neighbourhood of the wound, or by gently pulling upon the adherent dura. This latter fact may be of considerable significance, for if increase of a pre-existing strain produces an attack it may well be that the pre-existing strain itself is an important factor in the aetiology of spontaneous convulsions.

As pointed out above, the blood-vessels form in one sense the woof of the contracting network. Traction, therefore, upon the vessels must be inevitable. The hypothesis at once suggests itself that a vaso-motor reflex secondary to this traction is responsible for the initiation of the convulsive seizures ...

7. Operation der Hirngeschwülste

FOERSTER beginnt die Chirurgie der Hirntumoren. Er entfernt als zweiter erfolgreich einen Vierhügeltumor!

Erfahrungen mit der Chirurgie der Hirnduranarben ließen FOERSTER dann auch die weiteren Probleme der Neurochirurgie angreifen, insbesondere auch die operative Entfernung der Hirntumoren. Hier glückte ihm 1928 als zweitem nach FEDOR KRAUSE (1913) die erfolgreiche operative Entfernung einer Vierhügelgeschwulst. 1934 berichtete er zusammenfassend über seine Erfahrungen. Sein großes Referat vor der British Association of Neurological Surgeons, die ihn im Juni 1937 in Breslau besuchte, ist nicht mehr veröffentlicht worden.

FOERSTERs Mahnung an die praktizierenden Ärzte, bei der Frühdiagnose der Hirntumoren zu helfen, gilt auch heute noch.

Ein Fall von Vierhügeltumor, durch Operation entfernt
Arch. Psychiatr. 84, 515–516 (1928).

... Diagnose: Tumor der Vierhügelgegend. Ventrikulographie zeigt stark dilatierte Seitenventrikel und dilatierten dritten Ventrikel. Operation: Freilegung des rechten Hinterhauptslappens, bis an den Sinus transversus und Sinus longitudinalis. Unterbindung aller vom Cerebrum in den letzteren übergehenden Venen. Entlang der Falx cerebri wird auf das Tentorium cerebelli und das Splenium corporis callosi vorgegangen. Spaltung des Tentoriums von vorn nach hinten neben den Sinus rectus. Spaltung des Spleniums. Dadurch kommt der Tumor zu Gesicht; derselbe wird sodann nach allen Seiten möglichst exponiert; er hat die Größe einer Mandarine; stückweise wird er vollkommen entfernt, Blutung gering. Nach seiner Entfernung kommt die nach links verdrängte Vena magna Galeni zu Gesicht. Vorübergehende Atemlähmung durch Lobelin prompt behoben. Natur des Tumors: Gliom. Heilung per primam. Vollkommener Rückgang aller Symptome bis auf die Blindheit, es besteht jetzt $^{1}/_{2}$ Jahr nach der Operation nur Lichtschein. Pupillen reagieren dabei zwar träge aber ausgiebig. Gehör normal, Augenbewegungen zeigen keinerlei Einschränkung, geringe nystagmiforme Zuckungen, keinerlei Gleichgewichtsstörungen, keine Ataxie, keine Parese, keine Sensibilitätsstörungen, keine choreiformen Spontanbewegungen.

Die Diagnostik und Behandlung der Geschwülste des Großhirns
Klinische Wochenschrift 13, 1737–1742 (1934).

... Zwei Aufgaben zeichnen sich für die Zukunft klar ab. Die erste betrifft die Tumordiagnostik. Alles kommt auf eine möglichst frühzeitige Diagnose an. Dabei muß aber die gesamte Ärzteschaft mithelfen. Jeder Arzt muß wissen, in welchem Fall er überhaupt die Möglichkeit einer Hirngeschwulst in Betracht zu ziehen hat. Das genügt vollkommen, wenn er nur dann sofort den fraglichen Fall zur weiteren Klärung an den Neurologen

dirigiert. Die zweite Aufgabe betrifft die Therapie. Bei der Indikation zum operativen
Eingriff werden wir in Zukunft bestrebt sein müssen, die Spreu vom Weizen zu sichten.
Hoffnungslose Fälle zu operieren hat keinen Zweck. Selbst wenn bei einem Glioblastoma
malignum oder einem Medulloblastom durch die Operation das Leben des betreffenden
Einzelindividuums auch verlängert wird, oder selbst wenn durch sehr radikales Vorgehen
z. B. die Exstirpation einer ganzen Hemisphäre wirklich eine endgültige radikale Beseitigung dieser Geschwulst möglich sein sollte (um das entscheiden zu können, reicht die
bisherige Beobachtungszeit noch nicht aus), so bleiben diese Kranken doch allemal für den
Rest ihres Lebens bedauernswerte Krüppel . . . Es kommt also darauf an, möglichst von
vornherein zu erkennen, welche Geschwulstform im Einzelfalle vorliegt und zu entscheiden, ob sich ein operativer Eingriff lohnt. So weit sind wir nun leider heute noch nicht,
aber ich bin überzeugt, daß wir bei vertieftem Eindringen in die Symptomatologie und die
Entwicklung derselben in jedem Einzelfalle und bei möglichster Ausnutzung aller diagnostischen Methoden einerseits und bei einem eingehenden histologischen Studium der
verschiedenen Geschwulstformen andererseits dahin kommen werden . . .

8. Operationen am vegetativen System

FOERSTER hat sich besonders auch für die operativen Eingriffe am vegetativen System interessiert und
bereits die Monographie über das Schmerzgefühl und seine Leitungsbahn (1927) enthält zahlreiche Beispiele von erfolgreichen Eingriffen an vegetativen Strukturen.
Aus einem Brief von FOERSTER an KAHN geht hervor, daß FOERSTER wahrscheinlich als erster die supradiaphragmatische Durchschneidung der N. splanchnici durchgeführt hat, die später als Adsonsche Operation zur Behandlung des Hochdrucks eine Rolle spielte.
FOERSTER hat dann zusammenfassend 1939 über seine operativ-experimentellen Erfahrungen am vegetativen System und die Bedeutung für den Kreislauf berichtet. Er beschreibt dabei auch die Wirkung der
Vorderseitenstrangdurchschneidung auf den Blutdruck. Zu einer Überprüfung dieses Vorschlages an einem
größeren Krankengut ist es nicht mehr gekommen.

*Operativ-experimentelle Erfahrungen beim Menschen über den Einfluß des Nerven-
systems auf den Kreislauf*

Z. ges. Neurol. Psychiat. 167, Verh. Ges. Deutsch. Neur. Psychiat., 5. Jahresvers. Wiesbaden, S. 457 (1939).

. . . Über die Lage dieser *diencephalo-spinalen Vasomotorenbahn* innerhalb des Rücken-
markquerschnittes haben uns nun die Erfahrungen am Menschen, welche wir bei rund

100 Fällen von Vorderseitenstrangdurchschneidungen gesammelt haben, Aufschluß verschafft. Schon sehr bald, nachdem ich Vorderseitenstrangdurchschneidungen auszuführen begonnen hatte — zum ersten Male habe ich sie 1912, also vor 27 Jahren, ausgeführt —, war mir aufgefallen, daß in manchen Fällen unmittelbar danach der Blutdruck erheblich, einige Male sogar in bedrohlichem Maße absank und sich nur langsam und partiell wieder erholte. Unsere besondere Aufmerksamkeit wurde aber erst dadurch wachgerufen, daß in mehreren Fällen, die vorher an einer hochgradigen Hypertension litten, nach der Vorderseitenstrangdurchschneidung der Hochdruck verschwand; in einem Falle sank der Blutdruck von 270 auf 100 ab, und wenn er auch in der Folge wieder etwas aufholte, so hat er doch den Wert von 140 nicht wieder überschritten.

Bei genauerem Zusehen hat sich nun ergeben, daß eine beträchtliche Blutdrucksenkung nur dann zustande kommt, wenn das Chordotom die dorsalsten Faserlamellen des Vorderseitenstranges mit erfaßt, so daß der Schluß berechtigt erscheint, daß die im Rückenmark absteigende supranucleare Vasoconstrictorenbahn (Abb. 18) vornehmlich in den rückwärtigen Abschnitten des Vorderseitenstranges unmittelbar vor der Pyramidenseitenstrangbahn gelegen ist ...

III. Beiträge zur angewandten Physiologie des Nervensystems

1. Die Dermatome

Die funktionelle Analyse der Bewegung hatte ein genaues Studium des Reflexbogens und der Bewegungsbahnen vorausgesetzt. FOERSTER nutzte später jede Operation, um festzustellen, wie sich die operative Durchschneidung auf eine nervale Funktion, z. B. den Reflexbogen, auswirkte. Auch wurden die Sensibilitätsausfälle exakt festgestellt. Bald ergänzte er dieses „negative" Experiment durch das „positive" der elektrischen Reizung des Substrates während der Operation, auch hier zunächst der Hinter- und Vorderwurzel. So entstanden genaue Karten über die Begrenzung der *„Dermatome"*, über die er in der Schorstein Memorial-lecture berichtete. Er analysierte sie durch drei Methoden:
1. die Feststellung der oberen und unteren Begrenzungen nach Durchschneidung der Hinterwurzeln, wobei ihm die Fülle seiner Fälle mit Hinterwurzeldurchschneidung praktisch die Gelegenheit zur Bestimmung jeder einzelnen Wurzel gab. 2. Wenn er gleichzeitig mehrere Wurzeln durchschnitt, pflegte er zunächst die oberste und unterste Wurzel zu durchschneiden und dadurch die genaue Ausdehnung einer in der Mitte liegenden isolierten Wurzel festzustellen, was sonst infolge der Überlappung der Dermatomgrenzen nicht möglich war. Neben dieser Bestimmung der oberen und der unteren Wurzelgrenzen und der Bestimmung einer isolierten Wurzel beobachtete er 3., daß durch faradische Reizung der „Vasodilatatoren" das Ausbreitungsgebiet der gereizten Wurzel kenntlich gemacht werden konnte, weil ihr ganzes Versorgungsgebiet stark hyperämisch wurde. So hatte er eine dreifache Kontrolle seiner Ergebnisse. — Reizung der vorderen und der hinteren Wurzeln und entsprechende Durchschneidung gaben ihm weiter die Möglichkeit, die periphere Innervation ausreichend zu studieren und elektrophysiologisch zu überprüfen. Auch wurde der Anteil der Vorderwurzel an der Sensibilität bestimmt.

Symptomatologie der Erkrankungen des Rückenmarks und seiner Wurzeln

Handbuch der Neurologie, Band V, von O. BUMKE und O. FOERSTER. Verlag von Julius Springer, Berlin 1936.

... Unsere bisherigen Kenntnisse über die Dermatome des Menschen gründen sich teils auf die bereits erwähnten anatomischen Untersuchungen BOLKs, besonders aber auf die grundlegenden Studien HENRY HEADs, welcher das erste gut fundierte Schema der menschlichen Dermatome (Abb. 149 a, b, c, d) aufgestellt hat.

... Ich habe in 30jähriger neurochirurgischer Tätigkeit Gelegenheit gehabt, auch beim Menschen nach der Sherringtonschen Methode der remaining sensibility eine sehr große Anzahl von Dermatomen zu bestimmen. Es handelte sich um Fälle von schwerer spastischer Bein- oder Armlähmung, in denen zur Beseitigung der spastischen Kontrakturen die Resektion der hinteren Lumbosacralwurzeln bzw. Cervicalwurzeln vorgenommen

wurde, wobei jeweils eine einzelne hintere Wurzel intakt belassen wurde, so daß sich das
ihr entsprechende Dermatom in der Zone der erhaltenen Sensibilität ganz rein repräsen-
tierte. Für die Thorakaldermatome fehlen bisher entsprechende Unterlagen. Wir können
aber für die Bestimmung der Grenzen der menschlichen Dermatome alle Fälle heranziehen, in welchen eine Anzahl benachbarter Wurzeln reseziert worden ist. Denn es
leuchtet ohne weiteres ein, daß in einem solchen Falle die orale Grenze der jeweils resultierenden anästhetischen Zone die caudale Grenze des nächsthöheren Dermatoms und
umgekehrt die caudale Grenze des anästhetischen Bezirkes die orale Grenze des nächst-
tieferen Dermatoms darstellt. Da ich Durchschneidungen mehrerer Wurzeln in allen
Höhen des Markes vorgenommen habe und dabei die mannigfachsten Kombinationen
gewählt werden mußten, so konnten tatsächlich die oralen und die caudalen Grenzen
nahezu sämtlicher Dermatome des Menschen ermittelt werden und wir sind dadurch in der
Lage, die Form und Ausdehnung nahezu jedes Dermatoms zu *konstruieren*. Abb. 150
und 151 geben das von mir mittels der Methode der remaining sensibility und der kon-
struktiven Methode gewonnene Dermatomschema des Menschen wieder ...

... Dermatombestimmungen mittels der Strychninintoxikation hinterer Wurzeln nach dem
Vorgange von Dusser de Barenne liegen bisher beim Menschen nicht vor. Aber es lassen
sich gewisse Fälle aus der menschlichen Pathologie, in denen eine irritative Noxe auf eine
einzelne hintere Wurzel einwirkt und eine ausgesprochene Überempfindlichkeit des
zugehörigen Dermatoms hervorruft, heranziehen. Abb. 152 zeigt die scharf abgegrenzte,
dem 6. Thorakaldermatom entsprechende hyperästhetische Hautzone in einem Falle eines
von der hinteren 6. Thoracalis ausgehenden Wurzelneurinoms (Abb. 153). In diesem
Falle konnte die Höhendiagnose ausschließlich auf die scharf abgegrenzte hyperästhetische
Zone gegründet und der Tumor operativ entfernt werden. Solche mehr oder weniger
scharf umgrenzte dermatomerale Hyperästhesien kommen auch bei anderen irritativen
Wurzelprozessen vor, besonders zu Beginn des Herpes zoster, bei syphilitischen Radiculi-
tiden, traumatischen Wurzelirritationen u. a. ...

... Die einzige hintere Wurzel, nach deren Resektion die völlige Deafferentierung eines
bestimmten Hautareals auftritt, ist die 2. Cervicalwurzel. Nach meinen bisherigen Untersuchungen erstreckt sich weder das 3. Cervicaldermatom noch das Versorgungsgebiet der
Gehirnnerven (Trigeminus, Intermedius, Vagus) nennenswert auf das Hinterhaupt, so
daß in dessen Bereich nach der isolierten Resektion von C_2 ein völliger Ausfall der Haut-
sensibilität vorhanden ist ...

... Besonders ist mir aufgefallen, daß die vasodilatorischen Dermatome gelegentlich um
1 bis 2 cm die vordere Medianlinie überschreiten ...

FOERSTER berichtete dann in einer Monographie über den heutigen Stand der Kenntnisse in der Schmerz-physiologie und -chirurgie. Er legte dieser Studie sein riesiges eigenes Beobachtungsmaterial zugrunde. Er beschrieb ausführlich auch eine Nebenbahn der Schmerzleitung über die vordere Wurzel und über die adventitiellen Geflechte der großen Arterien. Auch untersuchte er die Bedeutung der hinteren Zentral-windung für die Entstehung des Schmerzes. Selbst das alte Thema „Seele und Schmerz" wurde ange-gangen.

2. Das Schmerzgefühl und seine Leitungsbahnen:

Die Leitungsbahnen des Schmerzgefühls

Verlag Urban und Schwarzenberg, Berlin und Wien, 1927.

… Wenn wir zu therapeutischen Zwecken eine Leitungsunterbrechung eines Nerven z. B. mittels intraneuraler Novocain- oder Alkoholinfiltration oder mittels Chloräthylvereisung vornehmen, kann man feststellen, daß von allen in dem Nervenstamm enthaltenen Faser-gattungen die Schmerzfasern am schwersten erliegen …

… Unter meinem an die hundert Wurzeldurchschneidungen umfassenden Material habe ich nur in einem einzigen Falle von Tabes, in dem ich drei benachbarte Wurzeln, L 4, L 5—S 1, durchtrennt habe, nicht den geringsten Sensibilitätsdefekt der Haut eruieren können …

… spricht mit Entschiedenheit dafür, daß für die Leitung von sensiblen Erregungen und Schmerzreizen außer den hinteren Wurzeln noch eine akzessorische Hilfsbahn zur Ver-fügung steht, die im Falle der Unterbrechung der durch die hinteren Wurzeln gebildeten Hauptbahn in einem individuell wechselnden Grade und offenbar auch in verschiedenem Ausmaße eintritt …

(S. a. die folgende Arbeit FOERSTERs S. 65)

… Ich habe meinen Standpunkt im Jahre 1924 folgendermaßen formuliert: Sowohl hintere wie vordere Wurzeln führen afferente Bahnen. Die hinteren Wurzeln stellen das sensible Hauptsystem dar, ihr Ausfall erzeugt, wenn eine genügende Zahl von Wurzeln durchtrennt ist, stets Sensibilitätsdefekte. Die vorderen Wurzeln stellen nur eine Hilfs-bahn für die Sensibilität dar, deren isolierte Unterbrechung niemals greifbare Sensibilitäts-defekte im Gefolge hat, die aber bei Unterbrechung der Hauptbahn, der hinteren Wurzeln, in einem individuell verschiedenen Grade den durch die Zerstörung der hinteren Wurzeln bedingten Sensibilitätsausfall decken und ausgleichen können. Die vikariierende Leistung der vorderen Wurzeln kommt vornehmlich der Tiefensensibilität zugute. Aber es passieren auch wahrscheinlich kutane Nervenfasern durch die vorderen Wurzeln.

Den strikten Beweis, daß die vorderen Wurzeln auch beim Menschen tatsächlich afferente, und zwar schmerzleitende Fasern enthalten, habe ich dadurch erbracht, daß ich zahlreiche Male festgestellt habe, daß bei elektrischer Reizung des zentralen Stumpfes einer durchschnittenen vorderen Wurzel heftiger Schmerz auftritt, der von der betroffenen Versuchsperson genau in die der betreffenden Wurzel zugehörige Segmentalzone lokalisiert wird ...

... haben tiefgreifende Exzisionen größerer Abschnitte des oberen Scheitellappens eine Störung der Sensibilität der gesamten kontralateralen Körperhälfte im Gefolge ...

... Wirkt irgendein Krankheitsprozeß auf eine umschriebene Stelle der hinteren Zentralwindung als irritative Noxe ein, so führt dies bekanntlich nicht selten zu paroxymal auftretenden sensiblen Reizerscheinungen meist in Form von mehr oder weniger starken Parästhesien, die manchmal sogar einen schmerzhaften Charakter haben können. Diese Parästhesien beginnen in derjenigen Körperstelle, deren Fokus in der hinteren Zentralwindung den Angriffspunkt der irritativen Noxe bildet und von ihr aus pflanzen sich diese Parästhesien sukzessive wie eine Welle über die ganze kontralaterale Körperhälfte fort ... Es gibt auch Fälle, in denen ein in der hinteren Zentralwindung lokalisierter irritativer Prozeß zu dauernden Parästhesien in bestimmten Körperabschnitten führt ... Niemals ist es mir gelungen, durch elektrische Reizung irgendeiner anderen Rindenpartie als der hinteren Zentralwindung und des oberen Scheitellappens irgendwelche Parästhesien hervorzurufen, selbst nicht bei stärkster Reizung ... Die Frage, die uns in dieser Arbeit zunächst angeht und von der wir am Eingang dieses Kapitels ausgegangen sind, ist die, ob das Schmerzgefühl an die Tätigkeit des Cortex gebunden ist, ob seine Mitwirkung zum Zustandekommen desselben überhaupt erforderlich ist ... Daß aber die bei Rindenreizung in die Extremitäten projizierten Parästhesien und Schmerzen tatsächlich das psychische Äquivalent der Erregung der corticalen sensiblen Elemente darstellen, glaube ich aus einem von mir beobachteten Falle, in dem ein Bein am Oberschenkel amputiert war und ein irritativer Prozeß des kontralateralen oberen Scheitellappens Schmerzgefühl hervorrief, das in den fehlenden Fuß lokalisiert wurde, schließen zu dürfen ...

... Wenn wir versuchen, die Wirkungsweise der mannigfachen Methoden der Psychotherapie auf eine gemeinsame Basis zurückzuführen, so sind es meines Erachtens hauptsächlich zwei Faktoren, die bei allen Methoden mehr oder weniger ausschlaggebend sind. Der thymogene Schmerz wird in der Mehrzahl der Fälle durch Unlustaffekte, Angst, Schreck, Furcht, Zorn, Spannung, unlustbetonte Erwartung erzeugt und unterhalten. Umgekehrt wird er durch gegenteilige Affekte, Freude, Hoffnung, lustbetontes Befreiungsgefühl und ähnliche emotive Regungen aufgehoben. Die Abhängigkeit des Schmerzes von

der Affektanlage müssen wir als ein geradezu allgemeingültiges Prinzip anerkennen.
Jeder, der Affektschwankungen unterworfen ist, wird es bestätigen ...

... Diesem ersten für die Heilwirkung der psychotherapeutischen Methoden in Betracht
kommenden Faktor der Affektumwandlung gesellt sich nun aber meines Erachtens wenig-
stens bei manchen Formen der Psychotherapie noch ein zweiter Faktor hinzu, der mit der
Willenstätigkeit zusammenhängt. Die Frage, inwieweit der Wille imstande ist, den
Schmerz zu beeinflussen, ist nicht ganz leicht zu entscheiden, obwohl es auf den ersten
Blick so erscheint und von den meisten als selbstverständlich hingenommen wird ... Die
Frage der Beeinflussung des Schmerzes durch die Willenstätigkeit führt uns zu der Frage
nach der Beeinflussung des Schmerzes durch die Aufmerksamkeit ... Zum Schluß möchte
ich eines besonderen Beispieles gedenken, das die Bedeutung der Ablenkung der Aufmerksamkeit für das Erleben des Schmerzes klar demonstriert und in einem besonderen
Lichte erscheinen läßt. Es ist seit langem bekannt und während des Weltkrieges tausend-
fach wieder bestätigt worden, daß bei der konzentrierten Einstellung der Psyche auf die
Kampfhandlung manchmal selbst die allerschwersten Verwundungen nicht zum Bewußtsein kommen ... Die psychologische Analyse derartiger Zusammenhänge ist ungemein
schwierig und der Versuch, den Vorgang auf ein neurodynamisches Korrelat zurück-
führen zu wollen, könnte nur recht lückenhaft ausfallen ..."

FOERSTER stellte (1927) auch die folgenden Eigenschaften des „hyperpathischen" Schmerzes zusammen. Der hyperpathische Schmerz entsteht

1. bei relativ hoher Reizschwelle und als inadäquate Reaktion auf Reiz,
2. mit Nachdauer der Empfindung, eventuell mit Summation,
3. mit Latenz der Empfindung,
4. mit explosionsartigem Ausbruch,
5. mit abnorm unangenehmem Charakter,
6. mit Nachdauer und eventuell schmerzfreiem Intervall,
7. mit mangelhafter Lokalisation des Reizes,
8. mit Irradiation und
9. mit fehlender besonderer Färbung der Empfindung.

Über die Beziehungen des vegetativen Nervensystems zur Sensibilität

mit H. ALTENBURGER und F. KROLL. Zschr. ges. Neurol. Psychiat. *121*, 139–185 (1929).

... Wir haben unlängst einen Kranken beobachtet, der im Kriege eine Schußverletzung
des N. tibialis davongetragen hatte; es bestand eine totale Tibialislähmung, gleichzeitig

ein immer wieder rezidivierendes, jeder Therapie trotzendes Ulcus trophicum an der Fußsohle. Der Kranke besaß noch einen Rest von Sensibilität an der Fußsohle, starker Druck mit einer Bleistiftspitze in die Fußsohle war schmerzhaft, und der Kranke gab auch an, daß ihm sein Ulcus, besonders beim Auftreten, manchmal heftige Schmerzen verursache. Bei der Operation fanden wir den N. tibialis total durchtrennt, die Reizung des distalen Nervenabschnittes mit dem stärksten faradischen Strom hatte nicht die geringste Empfindung zur Folge. Als ich aber die Arteria poplitea zum Zwecke der Beseitigung des Ulcus denudierte, hatte der Kranke heftige stechende Schmerzen, die in die Fußsohle verlegt wurden. Und jetzt, nachdem das periarterielle sympathische Geflecht der Poplitea total exstirpiert ist, ist die Fußsohle total deafferentiert; sie ist selbst bei stärkstem Druck völlig gefühllos.

Der Fall lehrt also, daß afferente, zur Fußsohle in Beziehung stehende Nervenbahnen auch durch das periarterielle Geflecht der Arteria plantaris, tibialis und poplitea verlaufen. Dagegen sagt unser Fall nichts darüber aus, ob die Weiterleitung der die Fußsohle treffenden, als Schmerz empfundenen Reize durch das periarterielle Geflecht der Arteria poplitea und Arteria Cruralis, Iliaca und Aorta direkt in den Grenzstrang erfolgte; sie kann sehr wohl vom periarteriellen Geflecht der Arteria poplitea und Arteria Cruralis aus den Weg über den N. Cruralis ins Rückenmark genommen haben ...

Über einen Fall von Stichverletzung des Rückenmarkes, ein Beitrag zur Lehre von der Funktion der medullären sensiblen Leitungsbahnen, insbesondere der Hinterstränge
Extrait du Volume Jubilaire en l'Honneur du Professeur G. MARINESCO, Institut D'Arts Graphiques E. Marvan, Bucarest.

... Trotz dieses scheinbar normalen Verhaltens der Schmerzempfindung, bietet aber unser Kranker eine ganz bestimmte, höchst bemerkenswerte Störung der Schmerzwahrnehmung. Er ist außerstande zu unterscheiden, ob er mit einer Nadel gestochen wird, ob er stark an den Haaren gezogen wird, ob seine Muskeln oder Knochen energisch gedrückt werden, oder ob ein starker faradischer Strom auf die Haut appliziert wird. In allen Fällen tritt, wenn der Reiz stark genug ist, immer nur derselbe gleiche stechende Schmerz auf. Der Kranke vermag die Verschiedenartigkeit des Schmerzes, die verschiedene Genese des Schmerzes je nach dem Angriffspunkt des Reizes an Haut und Haar oder Tiefenreceptoren, die jeder Gesunde ohne weiteres und auch unser Kranke selbst an den Armen, am Hals oder Kopf sofort unterscheidet, in keiner Weise zu discriminieren. Ich habe auf die

Fähigkeit, die verschiedenen Arten des Schmerzes je nach der Genese desselben unterscheiden zu können, bei reinen Hinterstrangläsionen bisher noch nicht geachtet. Bei reiner Vorderseitenstrangdurchtrennung ist aber diese Fähigkeit sicher in keiner Weise beeinträchtigt und ich möchte daher annehmen, daß in unserem Falle die Unfähigkeit der Schmerzdiscriminierung nur auf das Conto der Hinterstrangdurchtrennung zu setzen ist. Die Hinterstränge liefern offenbar bei der Applikation peripherer Schmerzreize dem Cerebrum erst diejenigen accessorischen Erregungen, auf welchen die Differenzierung der Art und Genese des Schmerzes beruht ...

3. Die Reichweite des Lokalisationsprinzips:

Die elektrische Reizung von peripherem Nerv, Rückenmarkswurzeln und -strängen sowie der Hirnrinde ergaben zusammen mit FOERSTERs Beobachtungen über die „irritativen" Phänomene, d. h. etwa cortical ausgelöste Krampfanfälle und die bei Durchschneidung erzielten Lähmungen und sensiblen Ausfälle eine genaue Kenntnis der Lokalisation der Funktionen im Nervensystem. Über diese berichtete FOERSTER ausführlich in seinem Wiesbadener Referat (1934), wobei er besonders auch auf die gemeinsame Arbeit der verschiedenen Organteile an der motorischen, sensiblen, sensorischen und vegetativen Leistung und den Ausfall einzelner „Mitglieder der Arbeitsgemeinschaft" zu sprechen kam. Er skizzierte auch das Bild der Restitution durch Neuorganisation der verbliebenen Organteile. Dieses Lieblingsthema des Zusammenspiels, des Auseinanderfallens und der Neuorganisation der „Arbeitsgemeinschaft" der an der nervösen Leistung beteiligten Glieder hat er dann im Handbuch der Neurologie noch weiter variiert und besonders auch die „Synergien" beim WERNICKE-MANNschen Typus der Pyramidenbahnlähmung genau gezeichnet.
Der Vortrag auf dem Wiesbadener Kongreß 1934 und die JACKSON-Gedächtnisvorlesung in London 1935 waren sicher die Höhepunkte seiner rhetorischen Tätigkeit auf Kongressen und seines Auftretens in der wissenschaftlichen Welt.

Über die Bedeutung und Reichweite des Lokalisationsprinzips im Nervensystem
Verh. Dtsch. Ges. Inn. Med., XLVI Kongreß 1934.

... Meine sehr verehrten Herren Kollegen! Ich bin dem Vorstande der Deutschen Gesellschaft für Innere Medizin für den ehrenvollen Auftrag, in diesem Kreise das Problem der Lokalisation im Nervensystem zu behandeln, zu besonderem Danke verpflichtet. Kommt doch darin die innere Verbundenheit der Neurologie mit der inneren Medizin zum Ausdrucke. Diese Verbundenheit ist nicht nur historisch begründet — ich brauche da ja nur die Namen: ROMBERG, FRIEDREICH, ERB, SCHULTZE, KUSSMAUL, NOTHNAGEL, LICHTHEIM und

Strümpell zu nennen —, sondern sie entspricht auch ganz und gar dem inneren Wesen
und der Methodik der Neurologie, und wenn diese letztere die ihr gestellte Aufgabe
wirklich erfüllen will, so muß sie mit der Mutterdisziplin stets die engste Fühlung
behalten, sich von dieser immer wieder neu befruchten lassen und sich deren Fortschritte
zu eigen machen . . .

. . . Wenn wir die Bedeutung und Reichweite des Lokalisationsprinzips im Nervensystem
richtig würdigen wollen, müssen wir zunächst einmal Rechenschaft darüber ablegen, was
unter Lokalisation überhaupt zu verstehen ist.

Einmal fällt unter den Begriff der Lokalisation die Frage der somato-topischen Beziehung
eines bestimmten Körperteiles oder Organs zu einem bestimmten Abschnitt des Nervensystems, wobei die Frage der funktionellen Bedeutung dieser Verbindung zunächst ganz
unberücksichtigt bleiben, oder aber auch in die Betrachtung mit einbezogen werden kann.
Oder aber man geht bei der Betrachtung aus von einer bestimmten Leistung des Organismus und sucht festzustellen, welche Abschnitte des Nervensystems an dem Zustandekommen dieser Leistung beteiligt sind bzw. für das Zustandekommen derselben unent-
behrlich sind. Mit diesen beiden Betrachtungsweisen ist die dritte Frage, inwieweit wir auf
Grund eines bestimmten Krankheitssymptoms oder eines bestimmten Symptomenkom-
plexes, eines sogenannten Syndroms, die Erkrankung eines bestimmten Systems oder
einer bestimmten Örtlichkeit des Nervensystems als gegeben annehmen dürfen, also die
sogenannte Systemdiagnostik und die topische Diagnostik im engeren Sinne, nicht ohne
weiteres identisch, wenn ich persönlich auch auf dem Standpunkt stehe, daß die bei der
Reizung oder der Zerstörung eines bestimmten nervösen Substrates auftretenden Reizphänomene und Ausfallssymptome für die Frage nach der funktionellen Bedeutung dieses
Substrates von ausschlaggebender Bedeutung sind. Nur darf man die Reizphänomene und
die Ausfallssymptome nicht isoliert betrachten, sondern muß sie mit allen anderen einschlägigen Phänomenen zusammenhalten und daraufhin versuchen, synthetisch zu einem
Einblick in das physiologische Geschehen zu gelangen . . .

. . . Meine Damen und Herren! Ich bin am Ende meiner Ausführungen. Ich konnte naturgemäß nur Streiflichter auf das umfangreiche Problem der Lokalisation im Nervensystem
werfen. Aber vielleicht runden sich doch die Linien und Punkte, die ich aufzeigen konnte,
bei ihnen zu einer Silhouette, welche zweierlei erkennen läßt. Die einzelnen Abschnitte
des Nervensystems sind weder in bezug auf ihre somato-topische Beziehung noch in ihrer
Beziehung zu bestimmten Leistungen des Nervensystems einander einfach alle gleich-
wertig und können nicht einfach beliebig gegeneinander ausgetauscht werden, sondern
es existieren ganz bestimmte Beziehungen einzelner Abschnitte des Nervensystems zu

bestimmten Leistungen des Organismus. Andererseits ist aber wohl an jeder Leistung des Organismus nicht etwa nur ein einzelner Abschnitt des Nervensystems beteiligt, mit dessen Integrität die Leistung steht und fällt, sondern es arbeiten bei jeder Leistung zahlreiche Abschnitte des Nervensystems zusammen, sie sind zu einer Arbeitsgemeinschaft eng verbunden und wenn auch durch das plötzliche Ausscheiden des einen oder anderen Gliedes die Arbeitsgemeinschaft vielfach zunächst insuffizient wird, so wird doch infolge des überall erkennbaren Prinzipes der vielfachen Sicherung und infolge der jedem lebenden Organismus immanenten Fähigkeit, bei Substanzdefekten den Wiederherstellungsprozeß spielen zu lassen, die Wiederangleichung an die vorbestehende normale Leistungsfähigkeit vollzogen, oft in einem Grade, vor dem wir uns in Staunen und Bewunderung verneigen ...

Die funktionelle Analyse der Großhirnrinde: motorische und sensible Rindenfelder

FOERSTER hatte in seinem Wiesbadener Referat 1934 eine Gesamtschau über sein Lebenswerk am Lokalisationsprinzip gegeben. Jetzt hatte er im Handbuch der Neurologie noch einmal Gelegenheit, seine Erfahrungen auch in der Breite niederzulegen, wobei ihm sein Verleger JULIUS SPRINGER weder im Umfang noch in der Zahl der Abbildungen irgendeine Beschränkung auferlegte. So ist eine Materialsammlung ersten Ranges entstanden, die noch heute als Ausgangspunkt aller Diskussionen über die Lokalisation in der Großhirnrinde gelten muß.
Zusammengefaßt hatte FOERSTER anläßlich des 100. Geburtstages von JACKSON in einer Gedächtnisvorlesung in London über den motorischen Cortex berichtet. Er hatte diese Aufgabe deshalb besonders gerne übernommen, da er sich als geistiger Schüler JACKSONs fühlte, dessen aus der Philosophie SPENCERs stammende „Schichtenlehre" der Organisation des Nervensystems er neurophysiologisch zu stützen sich sein Leben lang gemüht hatte.

The Motor Cortex in Man in the Light of HUGHLINGS JACKSONs Doctrines
Brain 59, 135–159 (1936).

HUGHLINGS JACKSON was the first to point out that there is such a thing as a motor cortex. He was the first to state clearly that the brain, the organ of mind, possesses motor functions. He discovered and elucidated this fact long before further evidence of the motor functions of the cerebral cortex was provided by the experimental investigations of HITZIG and FERRIER on animals. JACKSON says: „The convolutions of the brain must contain nervous arrangements representing movements. There is nothing else they can represent except movements and impressions" ...

. . . Summing up the motor disturbances resulting from destruction of the anterior
central convolution, we can say that the main symptoms are: —

1. The *negative* symptoms are loss of the isolated innervations of single muscle groups,
loss of most specialized movements, and loss of the faculty of modifying the stereotyped
extrapyramidal synergies and of adjusting them to special purposive acts. The loss of
function can be compensated to a more or less considerable degree by the ipsilateral pre-
central gyrus.

2. The *positive* symptoms are: a) Exhibition of the functions of the intact extrapyramidal
cortical motor areas which are no longer under the control of the anterior central convolution and are dissociated from its activity; b) increased spinal reflex activity, the
spinal reflex machinery being freed from the control exerted upon it by the anterior
central convolution . . .

*Symptomatologie der Erkrankungen des Großhirns — Motorische Felder und Bahnen —
Sensible corticale Felder.*

Handbuch der Neurologie, Bd. VI: Allgemeine Neurologie, Verlag von Julius Springer, Berlin 1936,
Seiten 330 ff.

. . . Alle motorischen Rindenfelder, die Area pyramidalis (Area 4) und die extrapyramidalen Felder, das präzentrale extrapyramidale Feld 6 a α, das frontale extrapyramidale Feld
6 a β, das retrozentrale Feld, 3, 1, 2, das parietale Feld 5 a und b und das temporale Feld 22
bilden zusammen einen Arbeitsverband, alle Felder stehen in engster Kooperation bei der
Ausführung der Bewegungen, und jedes Feld steuert seine besondere Quote zu dem Zustandekommen der statischen und kinetischen Aufgaben bei. Scheidet auch nur ein Glied
aus der Arbeitsgemeinschaft plötzlich aus, so wird dadurch die Leistungsfähigkeit des
Gesamtverbandes zunächst beeinträchtigt; in dieser Hinsicht besitzen die verschiedenen
motorischen Rindenfelder aber eine verschiedene Dignität. Beim Ausscheiden der Area
pyramidalis bricht zunächst trotz der anatomischen Integrität der übrigen motorischen
Rindenfelder der gesamte Verband zu völliger Leistungsunfähigkeit zusammen, die willkürliche Beweglichkeit ist zunächst ganz aufgehoben . . .
Diese für die praktischen Verrichtungen unserer Gliedmaßen erforderlichen Modifikatio-
nen und Ergänzungen der extrapyramidalen Synergien besorgt die Area pyramidalis. Sie
allein verfügt dank ihrer weitgehenden Differenzierung in Elemente für die isolierte
Innervation der einzelnen Muskelgruppen, Muskeln und Muskelteile über sämtliche ein-

zeln Bausteine, aus welchen sich die praktischen Verrichtungen unserer Glieder zusammensetzen. Sie kann erstens durch Sonderimpulse an diese oder jene Muskelgruppe die eine oder andere Komponente der extrapyramidalen Synergien im Verhältnis zu den anderen Komponenten akzentuieren und Komponenten einfügen, welche in den extrapyramidalen Synergien als solche gar nicht enthalten sind. Zweitens vermag die Area pyramidalis aber durch ihre inhibitorischen Elemente alle in den komplexen extrapyramidalen Synergien enthaltenen aufgabewidrigen oder überflüssigen Komponenten auszuschalten, so die Pronationskomponente aus der Beugesynergie des Armes, die Adduktionskomponente aus der Strecksynergie, die Mitbewegung des Armes bei willkürlichen Beinbewegungen, die Mitbewegungen des Beines bei willkürlichen Armbewegungen, vollends wenn die Aufgabe in der isolierten Bewegung eines einzelnen Extremitätenabschnittes besteht, die extrapyramidalen Mitinnervationen sämtlicher nicht an der Aufgabe beteiligten Muskeln. Die Area pyramidalis sperrt durch ihre inhibitorischen Fasern die Vorderhornzellen aller aufgabefremden Muskeln gegen corticogene extrapyramidale Impulse. Darüber hinaus verhindert sie durch ihre inhibitorischen Fasern, daß der Dehnungsreflex der Antagonisten bei einer Bewegung sich störend dazwischen schiebt.

In dieses komplizierte Zusammenspiel sämtlicher extrapyramidalen Rindenfelder und der Area pyramidalis greifen nun des weiteren die der motorischen Rinde von der Körperperipherie bei der Ausführung statischer und kinetischer Leistungen fortlaufend zugehenden afferenten Erregungen regulierend, anregend und hemmend ein. Ihnen ist es zum großen Teil zu danken, daß bei einer statischen oder kinetischen Leistung jeder für letztere in Betracht kommende Muskel auch tatsächlich innerviert wird und in jedem Augenblick der Bewegungsfolge auch in dem jeweils erforderlichen Grade innerviert wird. Andererseits wachen die der motorischen Rinde zugehenden afferenten Erregungen darüber, daß ausschließlich die für die Aufgabe in Betracht kommenden Muskeln innerviert werden und keine anderen aufgabefremden oder gar aufgabewidrigen Muskeln mitinnerviert werden. Die afferenten Erregungen sind an der Ausschaltung und Verhütung unzweckmäßiger Mitbewegungen und Mitinnervationen ebenso beteiligt wie die inhibitorischen Pyramidenbahnfasern …

… Nun fügt sich aber in einer großen Anzahl von Fällen von traumatischer Läsion der Retrozentralregion die Form der Sensibilitätsdefekte in die durch die Reizversuche aufgedeckte und durch die bisher beigebrachten Beispiele von Sensibilitätsausfällen nach der Ausschaltung umschriebener Bezirke der hinteren Zentralwindung bestätigte Lehre von der somato-topischen Gliederung der hinteren Zentralwindung nicht ohne weiteres ein. Besonders an den Extremitäten weist die Sensibilitätsstörung sehr oft nicht den im voran-

gehenden geschilderten zirkulären Typus der Strumpf-Handschuh-Manschettenform auf,
welcher der fokalen Gliederung der hinteren Zentralwindung nach Körper- und Extremi-
täteneinzelabschnitten vollkommen entspricht, sondern die Störung zeigt die Gestalt mehr
oder weniger lang ausgezogener Streifen und Bänder, welche einerseits nur eine Seite, die
Innen- oder die Außenseite des Armes oder Beines betreffen, sich aber andererseits über
mehrere, ja eventuell alle Extremitätenabschnitte, Finger, Hand, Vorderarm, Oberarm,
Zehen, Fuß, Unterschenkel, Oberschenkel erstrecken. Ich habe diesen Typus der Sensibilitätsstörung im Gegensatz zu dem zirkulären Typus als den *axialen* oder *longitudina-
len Typus* bezeichnet. In der Mehrzahl der Fälle betrifft die Störung an der oberen Extremität die Innenseite, z. B. den vierten und fünften Finger und die ulnare Hälfte der
Hand oder die genannten Bezirke und die ulnare Hälfte des Vorderarms, eventuell auch
noch die Innenseite des Oberarms (Abb. 48, 49 und 50). Das umgekehrte Verhalten, daß
die Außenseite der oberen Extremität bei völliger Verschonung der Innenseite gefühllos
ist, ist viel seltener . . .

. . . Die Doppelgliederung der Retrozentralwindung in Foci für die Körpereinzelabschnitte,
die einander in der Richtung von oben nach unten folgen, einerseits und in eine vordere
und hintere Hälfte, welcher, wie ich annehme, am Arm die radiale und ulnare Hälfte, am
Bein die laterale und mediale Hälfte zugeordnet ist, andererseits, bringt es mit sich, daß je
nach der Lage und Ausdehnung des Rindenherdes die resultierenden Sensibilitätsstörungen bald den zirkulären, bald den axialen Typus aufweisen und bei unregelmäßiger Verteilung des Herdes weder den reinen zirkulären oder den rein axialen Typus zeigen, sondern Mischformen darstellen. Übrigens habe ich wiederholt in einem und demselben
Falle an der oberen Extremität den axialen, an der unteren den zirkulären Typus beobachtet oder vice versa an ersterer den zirkulären, an letzterer den axialen Typus.

Ich vermag nicht anzugeben, welchen Unterabschnitten die longitudinale Unterabteilung
des Rumpffeldes entspricht, ob den lateralen und medialen oder den dorsalen und ventralen Bezirken des Rumpfes. Die Reizversuche geben darüber keine Auskunft. Die bei der
Reizung des Rumpffeldes auftretenden Sensationen werden in der Regel am stärksten in
die ventralen Bezirke der Brust oder des Bauches verlegt. Räumlich dissoziierte Sensibilitätsdefekte am Rumpf kommen bei corticalen Läsionen des öfteren vor; in der Mehrzahl
der Fälle handelt es sich um ein stärkeres oder ausschließliches Befallensein der äußeren
Rumpfabschnitte. Daß die mittenahen Rumpfbezirke stärker als die lateralen Abschnitte
oder gar ausschließlich ergriffen sind, habe ich niemals feststellen können. Dagegen
kommt es gelegentlich vor, daß am Rumpf die Vorderseite stärker als die Rückseite oder
umgekehrt letztere stärker als erstere ergriffen ist . . .

... Wenn wir nach diesem allerdings sehr summarisch gehaltenen Überblick über die
Folgen der Ausschaltung der motorischen Rindenfelder und die dabei vorhandenen Aus-
gleichsmöglichkeiten versuchen, uns eine Vorstellung von der Kooperation der einzelnen
Rindenfelder zu machen, so gehen wir am besten von den extrapyramidalen Feldern aus.
Diese setzen ganz bestimmte komplexe *Bewegungssynergien* in Gang. In ihrem Gepräge
und ihrer Zusammensetzung stellen diese *Synergien* aber nur eine unvollkommene
Grundlage für die praktischen Vorrichtungen unserer Gliedmaßen dar. In der Beugesynergie und Strecksynergie des Beines sind zweifellos die beiden wichtigsten Elemente
für die Lokomotion gegeben. Die Beugesynergie des Armes enthält in ihrer simultanen
Abduktion des Oberarms und Flexion des Vorderarms zweifellos zwei wesentliche Bausteine aller derjenigen zusammengesetzten Bewegungen des Armes, durch welche die
Hand zum Mund, an den Kopf oder an den Rücken gebracht wird. In der Strecksynergie
der oberen Extremität ist in der Extension des Vorderarms wenigstens eine für das Ein-
greifen eines vor uns befindlichen Gegenstandes wesentliche Teilbewegung enthalten ...

Die Entwicklung dieser Vorstellungen über die Synergien und ihr Vergleich mit archaischen Bewegungs-
typen findet sich schon in frühen Arbeiten.

Das phylogenetische Moment in der spastischen Lähmung
Berl. klin. Wschr. Nr. 26 und 27, 1913.

... Die von mir so benannte spezifische subcorticale Lage und die spezifischen subcorticalen Bewegungen der Glieder, die wir beim neugeborenen Kinde und bei den spastischen
Lähmungen antreffen, haben eine phylogenetische Bedeutung ...
... Wir sehen nun bei einem Vergleich, daß die spastischen Kontrakturen die Kletter-
haltung der Affen in der Ruhe Glied für Glied nachahmen; die Gliederhaltung zeigt bei beiden im wesentlichen die gleichen Komponenten. Was die große Zehe anlangt, so entspricht
der Abduktionsstellung beim Affen die Extension der ersten Phalange beim Menschen.
Manchmal steht übrigens bei angeborenen Diplegien die große Zehe tatsächlich abduziert ...
... Ebenso haben nun die Bewegungssynergien bei den spastischen Lähmungen entschieden in ihrer Form eine große Ähnlichkeit mit den Kletterbewegungen der Affen ...
Gewisse Reminiszenzen an das Klettern aber finden sich fast immer auch in solchen Fällen spastischer Lähmungen, bei denen im wesentlichen der aufrechte Gang erhalten ist.
Das gilt, wie oben gesagt, vor allem von der Supination des Fußes, von der Krallenstel-
lung der Zehen, von der Innenrotation und Aduktion des Beines beim Vorstrecken, von
den Mitbewegungen der Arme und von manchen anderen Einzelheiten ...

4. Beiträge zur Neurophysiologie

a) Das erste Elektrocorticogramm eines Hirntumors

Die elektrische Reizung des Substrates, wie sie von der aufstrebenden „klassischen" Neurophysiologie der FRITSCH und HITZIG, der FERRIER, FEDOR KRAUSE, Sir VICTOR HORSLEY und SHERRINGTON durchgeführt worden war, war auch für FOERSTER eine der Hauptmethoden der Funktionsanalyse des Nervensystems. FOERSTER übernahm sogleich auch die moderneren Methoden der Ableitung der Aktionsströme vom Hirn, die gerade von BERGER veröffentlicht waren. FOERSTER und sein Mitarbeiter ALTENBURGER waren damit die ersten Kliniker, die diese Methode am freigelegten menschlichen Hirn angewandt haben. So hat FOERSTER u. a. als erster „kortikographisch" einen Hirntumor während einer Operation bestimmt: er sah Amplitudenreduktion und bildete Verlangsamung der Wellentätigkeit ab. Er konnte 1934 die Ergebnisse von weit über 30 Corticographien unter den verschiedensten Fragestellungen beschreiben. Er fand keine durch peripheren Reiz ausgelösten Potentiale (evoked potentials), dagegen sah er das elektrophysiologische Korrelat eines fokalen Krampfanfalls. Auch die heute während der Aufnahme eines EEGs routinemäßig durchgeführte Anwendung der forcierten Hyperventilation stammt von FOERSTER und wurde von ihm zur Auslösung epileptischer Anfälle vorgeschlagen.

Elektrobiologische Vorgänge an der menschlichen Hirnrinde

mit H. ALTENBURGER. Verhandl. Ges. Dtsch. Nervenärzte, 22. Jahresvers. München 1934, Verlag Vogel, Berlin 1935, S. 93–102.

... Wenn wir nicht nur das bioelektrische Verhalten des Cortex in seiner Gesamtheit zur Darstellung bringen, sondern Einblicke in die Funktionsweise bestimmter Abschnitte gewinnen wollen, so ist die Ableitung von der Hirnoberfläche selbst anzustreben. Es ist fernerhin notwendig, unipolar abzuleiten, d. h. wir müssen eine Elektrode an einer Stelle anbringen, die praktisch frei von Spannungsschwankungen ist — wir wählten hierfür das Ohrläppchen —, und die zweite an der zu untersuchenden Rindenpartie selbst. Über die Ergebnisse derartiger Ableitungen an 30 Patienten möchten wir kurz berichten ...

... Bei der in der Abbildung verzeichneten Marke wirkte ein kutaner Reiz, ein Strich über die Fußsohle, ein; eine Veränderung im Kurvenbild ist dabei nicht festzustellen. Größe und Zahl der Potentialschwankungen bleiben die gleichen ...

... Auch bei aktiven Bewegungen, wie beim Faustschluß, haben wir bisher im Bereiche der Area frontalis 6 a β Änderungen des Kurvenverlaufes nicht feststellen können, und das gleiche gilt auch von psychischen Leistungen, wie das folgende Bild (Abb. 4) zeigt ...

... Von dem Beinfeld der vorderen Zentralwindung konnte anläßlich einer Epilepsieoperation abgeleitet werden (Abb. 7), und zwar während einer Serie von klonischen Entladungen. Man sieht, daß diese begleitet werden von einer raschen Folge von Potentialschwankungen großer Amplitude ...

... Abschließend ist noch auf einige Beobachtungen aus der Pathologie einzugehen. Es ist uns mehrfach bei Hirntumoren aufgefallen, daß im Bereiche des Tumors oder seiner Nachbarschaft nur sehr geringe Potentialschwankungen vorhanden waren. So sind in der Kurve der Abb. 11, die von einem Stirnhirntumor stammt, die Potentialschwankungen auffallend niedrig, was ohne weiteres ins Auge fällt, wenn wir die eingangs demonstrierten Bilder der Frontalregion zum Vergleich heranziehen. Auch die folgende Kurve (Abb. 12) eines Parietaltumors zeigt ein ganz analoges Bild. Die Potentialschwankungen sind auffallend niedrig ...

b) Hyperventilation als Methode zur Auslösung von Krampfanfällen

Hyperventilationsepilepsie

Zschr. Nervenhk. 83, 347–356 (1924).

... und aufgrund der Tatsache, daß es gelingt, durch forcierte Atmung beim Gesunden ein typisches Tetaniesyndrom künstlich hervorzurufen andererseits, habe ich an 45 Kranken mit epileptischen Anfällen systematische Untersuchungen über den Einfluß der Hyperventilation angestellt. Die Versuche wurden übereinstimmend in der Weise vorgenommen, daß die Kranken in sitzender Stellung zehn Minuten lang intensiv zu atmen angehalten wurden, wobei der Schwerpunkt auf die forcierte Ausatmung zu legen ist, und daß dabei einmal auf das Auftreten spontaner, motorischer Reizerscheinungen genauestens geachtet wird ... Die Ergebnisse der Untersuchungen sind kurz folgende: 1. Von 45 Epileptikern trat bei 25, also in 55,5% der Fälle, während der Hyperventilation *ein epileptischer Anfall auf* ...

c) Reflexphysiologie

Als FOERSTER jetzt H. ALTENBURGER als Mitarbeiter gewonnen hatte, konnte er seine bisher nur klinisch belegten Anschauungen über die Motorik, insbesondere Reflexe, Spasmus, Hypotonie, Rigor etc. nunmehr auch elektrophysiologisch überprüfen lassen. Eine Fülle exakter Arbeiten zeigt diesen Arbeitsansatz, dessen Problematik hier wenigstens anklingen soll.

Beiträge zur Physiologie und Pathophysiologie der Sehnen- und Knochenphänomene und der Dehnungsreflexe

III. Mitteilung: Die Sehnen- und Knochenphänomene beim Pyramidenbahnsyndrom

mit H. ALTENBURGER. Zschr. ges. Neurol. Psychiat. 147, 779–790 (1933).

... Den einzig sicheren Beweis für das Vorhandensein einer echten Reflexausbreitung hat unseres Erachtens der eine von uns (FOERSTER) bereits vor längerer Zeit erbracht. Bei einer corticalen spastischen Beinlähmung, bei der durch Beklopfen der Sehnen und der Knochenvorsprünge des gesunden Beines zahlreiche Muskeln des gelähmten kontralateralen Beines in Kontraktion versetzt werden konnten (Quadriceps, Adduktoren, u. a.), wurden die hinteren Wurzeln des gelähmten Beines L_2 bis S_1 durchschnitten. Danach war durch Beklopfen des gelähmten Beines kein Quadriceps- oder Adductorenreflex mehr zu erzielen, gleichwohl trat eine Zuckung dieser Muskeln des gedehnten Beines prompt auf, sobald die Patellarsehne oder der Epicondylus med. der nicht gedehnten gesunden Seite beklopft wurde. Hier konnte eine Übertragung durch mechanische Erschütterung nicht in Betracht kommen, da die betreffenden Muskeln vollkommen ihrer sensiblen Versorgung beraubt waren, vielmehr konnte die Beteiligung der kontralateralen Muskeln am Reflexerfolg nur auf einer Ausbreitung des Reflexes auf nervösem Wege beruhen ...

Zur Physiologie und Pathophysiologie der Sehnen- und Knochenphänomene und der Dehnungsreflexe

mit ALTENBURGER, Zschr. ges. Neurol. u. Psychiatr. 156, 478–483 (1936).

... „Die *Hypotonie* ist in typischen Fällen elektrophysiologisch dadurch charakterisiert, daß die betreffenden Muskeln bei passiver Dehnung, auch wenn diese möglichst plötzlich erfolgt, stromlos bleiben und gleichzeitig auch in den Muskeln deren Insertionspunkte angenähert werden, der Adaptationsreflex ausfällt (Abb. 3) ...“

d) Foersters Anschauungen über die aktivierenden und hemmenden Systeme des Hirnstamms

Besonders interessiert hatte FOERSTER auch die aktivierende Tätigkeit des „Hirnstammes“ auf die „Psyche“, wo er in drastischer Schilderung eines Operationserlebnisses die Auslösung eines „maniakalischen“ Syndroms durch instrumentelle Reizung vorderer Hirnabschnitte schilderte.
Viel zu wenig bekannt aber ist, daß OTFRID FOERSTER bereits sehr genaue Vorstellungen über die Lokalisation der aktivierenden und hemmenden Systeme hatte. Bereits 1934 in seinem großen Referat über die „Reichweite des Lokalisationsprinzips“ hatte er darüber gesprochen. Er hat sie dann in einer Arbeit mit GAGEL und MAHONEY erweitert.

Über die Bedeutung und Reichweite des Lokalisationsprinzips im Nervensystem
Verhandlg. Dtsch. Ges. Innere Medizin, XLVI Kongreß, Wiesbaden 1934.

... „Die zweite für unser Problem bedeutungsvolle Tatsache ist die, daß bei mechanischer Beeinflussung der vorderen Abschnitte des Hypothalamus, wie sie bei operativen Eingriffen an Tumoren der Regio chiasmatis, welche das Infundibulum von unten her

komprimieren, und welche wir operativ stets auf transfrontalem Wege von vorne her
angehen, stattfindet, das gegenteilige psychische Zustandsbild auftritt, eine lebhafte Er-
regtheit, ein typisches maniakalisches Syndrom mit expansivem Bewegungs- und Rede-
drang und mit ausgesprochener Ideenflucht. Bei einem meiner Kranken, den ich wegen
eines suprasellaren Craniopharyngeoms, das von unten her gegen den Boden des dritten
Ventrikels andrängte, auf dem angegebenen Wege an den Tumor gelangt war, setzte in
dem Augenblicke, als ich an dem Tumor zu manipulieren begann, die lebhafteste Manie
ein. Der Kranke erging sich in einem förmlichen Redeschwall, Zitate aus der lateinischen,
griechischen und hebräischen Sprache überstürzten einander in wildem Durcheinander.
Auf jedes Wort, das von meiner Seite fiel, reagierte er mit einem ideenflüchtigen Redeschwall: Als ich einen ‚Tupfer‘ verlangte, reagierte er: Tupfer, Tüpfer, Hupfer, Hüpfer,
hüpfen sie mal, ὕδωρ. Als ich das ‚Messer‘ verlangte, reagierte er ‚Messer, messer, Metzger. Sie sind ein Metzger, ein Metzel, das ist ja ein Gemetzel, metzeln Sie doch nicht so,
messen Sie doch, Sie messen ja nicht, Herr Professor, profiteor, professus sum, profiteri‘.
Alle diese manischen Reaktionen waren streng abhängig von den Manipulationen am
Tumor selbst und der damit verbundenen Beeinflussung des Bodens des dritten Ventrikels. Von keiner anderen Stelle der Nachbarschaft aus wurden sie ausgelöst . . .“

Die encephalen Tumoren des verlängerten Markes, der Brücke und des Mittelhirns
mit O. GAGEL und W. MAHONEY. Arch. f. Psychiatr. u. Nervenkrh. 110, 1–74 (1939).

. . . „Der Cortex wird vom vorderen Abschnitt des Hypothalamus wie ein elektrisches
Licht eingeschaltet . . . die Reizung dieses Antriebsortes . . . erzeugt gesteigerte psychische
Aktivität . . . die Lähmung, d. h. Ausschaltung . . . ruft Schlafsucht, Benommenheit, Bewußtlosigkeit hervor. Hingegen wird von den kaudalen Abschnitten des Hirnstamms,
der Oblongata, der Brücke, des Mittelhirns das Licht . . . in der Rinde ausgeknipst, die
Rindentätigkeit gehemmt und lahmgelegt. Reizungen dieser kaudalen Hirnabschnitte . . .
erzeugen Müdigkeit, Schlafsucht, Benommenheit, Bewußtlosigkeit, Coma, . . . Der alter-
nierende Wechsel von Reizung und Ausschaltung äußert sich in wechselnden Zuständen
von maniakalischer Agitation einerseits und von Somnolenz, Sopor, Bewußtlosigkeit
andererseits . . .“

*Ein Fall von sogenanntem Gliom des Nervus opticus — Spongioblastoma multiforme
ganglioides*

mit O. GAGEL. Zschr. ges. Neurol. Psychiat. 136, 335–366 (1931).

. . . Unser Kranker bot anfangs abwechselnd Zustände von maniakalischer Erregung und stumpfer Passivität. Gerade diesen Wechsel haben wir auch in anderen Fällen von Tumoren am Boden des 3. Ventrikels beobachtet. Später stand die fast völlige Umkehr der Gezeiten im Vordergrund, indem der Kranke tagsüber zumeist schlief, während er nachts regelmäßig ein schweres agitiertes Korsakowsches Zustandsbild bot, das aber auch am Tage, wenn er geweckt wurde, sich sofort demonstrierte ...

e) Beiträge zur Kenntnis des vegetativen Systems

Die Beschäftigung mit den Hypophysen- und Hypothalamustumoren brachte FOERSTER eine genaue Kenntnis der Symptomatologie des Zwischenhirns, die er immer in leuchtenden Farben und sehr plastisch, oft aber allzu überschwenglich zu schildern pflegte. Diese Beschreibung wird den Hörern der Wiesbadener Kongresse der Vorkriegszeit noch in guter Erinnerung sein.
Auch mit der Anatomie des vegetativen Systems hat sich FOERSTER — angeregt durch seine zahlreichen Operationen — ausführlich befaßt. Ich erwähnte, daß er wahrscheinlich — wie aus einem Brief von FOERSTER an KAHN hervorgeht — als erster eine supradiaphragmatische Durchschneidung der Nn. splanchnici durchgeführt hat (ADSONsche Operation). Wegweisend ist auch heute noch seine tabellarische Übersicht über die „radikuläre sensible Versorgung der Viscera" (Handb. d. Neurologie, S. 290, Bd. 3, 1936). Interessant sind auch andere Studien über die vegetativen Regulationen, hier insbesondere auch der Thermoregulation, wo die Vasomotorenbahn im Seitenstrang (Loewenthal'sches Bündel) beschrieben wird (s. S. 59). Schließlich hat er sich auch mit seinen Mitarbeitern in einer experimentellen und morphologisch unterbauten Studie mit der Pupillarinnervation befaßt, die ein typisches Beispiel des damaligen Breslauer Arbeitsstiles gibt: Klinische Beobachtung und Fragestellung → experimentelle Kontrolle am Affen mit Funktionsprüfung nach entsprechenden Durchschneidungen, → morphologische Untersuchung bei Mensch und Experimentaltier, → Schlußfolgerungen für die Diagnostik bzw. Therapie.

Vegetative Regulationen

mit O. GAGEL und W. MAHONEY. Verh. Dtsch. Ges. Inn. Med. 165–187, 1937.

... Derselbe erhielt ohnehin schon die dreifache Ration, hat aber darüber hinaus auch noch sämtliche Speisereste, die er von anderen Kranken ergattern konnte, gierig vertilgt. Es bestanden schwere Sehstörungen, ein hochgradiger Diabetes insipidus und eine ausgesprochene Manie, die sich in dauernder Euphorie und ungebändigter Schwatzhaftigkeit zu erkennen gab, wobei die vielen altklugen und jovialen Bemerkungen, die der Kranke in seinem dünnen piepsigen Kinderstimmchen vorbrachte, häufig geradezu komisch wirkten. Bedingt war dieser Symptomenkomplex durch ein großes Kraniopharyngeom ...
... Mit Vollendung des 7. Lebensjahres begann er plötzlich schnell zu wachsen und zuzunehmen, so daß er mit 7¹/₂ Jahren 42 Pfund wog. Er hatte also in dem letzten halben Jahr fast ebensoviel an Körpergewicht gewonnen wie in den gesamten sieben vorangegangenen Jahren zusammen. Gleichzeitig mit dem plötzlichen Wachstumsschuß entwickelten

sich schwere Sehstörungen, eine zunehmende Polydipsie und Polyurie und eine geschlecht-
liche Frühreife. Dieser 7¹/₂-jährige Knabe (Abb. 20, S. 180) war eines jener frühreifen
aggressiven Böckchen, von denen ich oben gesprochen habe, der wiederholt erwachsene
Personen weiblichen Geschlechtes verschiedensten Alters und verschiedensten Aussehens
ohne Wahl energisch attackierte . . .

. . . Die Stimme war, abgesehen von gelegentlichem Überschnappen in die kindlichen
Register, eine volltönende männliche Bruststimme . . .

. . . Im Gegensatz zum Affen hat nun aber beim *Hund* die Unterbindung des Hypophysen-
stiels in der Tat regelmäßig einen Diabetes insipidus zur Folge. Worauf beruht dieser
Unterschied zwischen Affe und Hund? Man betont ja in der Experimentalphysiologie so
oft und mit Recht: Keine voreiligen Rückschlüsse von einem Tier auf das andere, vor
allem keine solchen vom Tier auf den Menschen! Aber in unserem Falle liegt das Geheim-
nis auf einer anderen Linie. Es lautet: Erst Anatomie und dann Physiologie, und wenn
schon erst Physiologie, dann nicht ohne Anatomie! Abb. 3 (S. 168) zeigt Ihnen den
Hypophysenstiel beim Affen; er ist lang, er bietet sich förmlich der Unterbindung ohne
Mitschädigung der Nachbarschaft von selbst an . . .

*Über Störungen der Thermoregulation bei Erkrankungen des Gehirns und Rückenmarks
und bei Eingriffen am Zentralnervensystem*

Jb. f. Psych. Neurol. Bd. 52, Heft 1, 1—14 (1935).

. . . Die vom Hirnstamm zum Rückenmark absteigenden thermoregulatorischen Bahnen
verlaufen großenteils im Vorderseitenstrang. Bei einer im Bereiche des Halsmarks vorge-
nommenen Vorderseitenstrangdurchschneidung kommt es zur Hyperthermie, welche
qualitativ der bei totaler Quertrennung des Marks resultierenden Hyperthermie gleicht.
In der Regel ist dabei allerdings die Vasodilatation bei weitem nicht so stark ausgesprochen wie bei der Totaltrennung des Marks. Dies ist nur dann der Fall, wenn die im
Winkel zwischen Vorderhorn und Hinterhorn versteckt liegende und unmittelbar vor
dem Pyramidenbahnareal gelegene Vasokonstriktorenbahn in genügendem Umfange von
der Durchschneidung mit erfaßt wird . . .

Über die Anatomie, Physiologie und Pathologie der Pupillarinnervation
mit O. GAGEL und W. MAHONEY. Verh. Dtsch. Ges. Inn. Med. XLVIII. Kongr. Wiesbaden, S. 394 (1936).

. . . Das Ganglion cervicale supremum erhält seine Anregung vom Rückenmark her, und
zwar aus dem im 8. Cervicalsegment, 1. und 2. Thoracalsegment gelegenen Centrum

cilio-spinale, das der sympathischen Seitenhornkette zugehört (Abb. 7). Die Pupillenbahn passiert die entsprechenden vorderen Wurzeln C_8, Th_1, Th_2. Die präganglionären markhaltigen Fasern ziehen durch die korrespondierenden Rami communicantes albi in den Halsgrenzstrang und in diesem bis zum Ganglion cervicale supremum empor, woselbst sie mit den Zellen des letzteren in Synapse treten.

Nach der Exstirpation des Ganglion cervicale supremum kommt es zur retrograden Tigrolyse der Seitenhornzellen innerhalb der Segmente C_8, Th_1 und Th_2, aber in keinem tieferen Segment (Abb. 8, 9 a und b).

Elektrische Reizung der 8. vorderen Cervical-, 1. und 2. vorderen Thoracalwurzel ruft beim Menschen ausgesprochene Pupillenerweiterung und Exophthalmus hervor. Die Verhältnisse liegen beim Menschen so, daß der Reizeffekt von Th_1 ganz konstant und stets am stärksten ist. Wenn außerdem auch bei Reizung von C_8 ein ausgiebiger Effekt eintritt, so fehlt in der Regel ein solcher seitens der 2. Thoracalis, umgekehrt fehlt der Effekt bei Reizung von C_8, wenn Th_2 eine kräftige Dilatation veranlaßt. Es existieren also auch auf dem Gebiete der spinalen Pupilleninnervation zwei verschiedene Wurzeltypen, der präfixierte oralere, der postfixierte caudalere Typus . . .

5. FOERSTERS Verhältnis zur Sinnesphysiologie

Die moderne Sinnesphysiologie, die bei seinem Nachfolger V. v. WEIZSÄCKER zum Hauptarbeitsgebiet des Breslauer Neurologischen Forschungsinstitutes wurde, hat FOERSTER wenig bedeutet. Wenn ihn hier ein Problem interessierte, so nur in der lokalisatorischen Wertigkeit. So hat er sich mit der Anatomie der Sehbahn und hier mit der kortikalen Vertretung der Macularegion befaßt.

Nur einmal hat er darüber hinausgehend ein echt sinnesphysiologisches Problem — angeregt durch seinen Mitarbeiter LOEWI — angegangen und hier ein sehr interessantes Ergebnis zeigen können. Er wies nach, daß die Kenntnis der sinnesphysiologischen Fragestellung — man könnte heute mit CONRAD sagen, der Vorgestalt — die sinnesphysiologische Analyse eines komplizierten Reizes erleichtert. Doch FOERSTER sah hier die Bahnung nicht auf einer höheren sinnesphysiologischen oder gar gestaltpsychologischen Ebene, sondern als einen rein elektrophysiologischen Vorgang, dessen Wirkung von der sensorischen auf die sensible Sphäre ausging.

Über die Beziehung von Vorstellung und Wahrnehmung bei Schädigung afferenter Leitungsbahnen

mit M. LOEWI. Zschr. ges. Neurol. Psychiatr. 139, 658–693 (1932).

. . . Wir haben nun bei unseren Untersuchungen den bahnenden Einfluß, welchen der corticale Erregungskomplex, welcher einer bestimmten Vorstellung zugeordnet ist, auf das corticale Sinnesfeld ausübt, und die damit verbundene Verbesserung bestimmter Sinnesleitungen auch noch in anderer Weise demonstrieren können. Wohlgemerkt handelte es sich bei den Ergebnissen, über die wir bisher berichtet haben, immer darum, daß eine bestimmte Empfindung durch die ihr genau entsprechende Vorstellung vorbereitet war ...

... Der Vorstellung eines bestimmten Körperteils entspricht zweifellos ein ganz bestimmter corticaler Erregungskomplex. Durch diesen Gliedvorstellungs-Erregungskomplex wird offenbar wieder wie in den Beispielen unserer ersten Versuchsserie das corticale Sinnesfeld gebahnt. Der Unterschied liegt darin, daß hier nicht wie in der ersten Versuchsserie eine Bahnung für afferente Erregungen bestimmter Qualität erfolgt, sondern daß hier ein ganz bestimmter Abschnitt des corticalen Sinnesfeldes, und zwar derjenige, welcher demjenigen Körperteil entspricht, dessen Receptoren gereizt werden, als solcher in toto gebahnt wird, so daß die Erregungen, welche nun gleich darauf von den Receptoren diesem Abschnitte des Sinnesfeldes zufließen, in diesem letzteren eine vorbereitete Situation vorfinden ...

... Eine Vorstellung übt keine „Wirkung" aus auf eine Wahrnehmung und umgekehrt. Wer seelische Phänomene als Kraftzentren denkt, geeignet, aufeinander einzuwirken, läßt das fundamentalste Prinzip alles seelischen Geschehens außer acht. Und dieses Fundamentalprinzip aller seelischen Prozesse beherrscht natürlich auch die Vorstellungen und Wahrnehmungen. Den Sinn dieses Prinzips vergegenwärtigt man sich, indem man folgendes bedenkt: „Vorstellung" heißt „ich stelle vor" und „Wahrnehmung" bedeutet „ich nehme wahr"; und entsprechendes gilt für jeden anderen psychischen Akt. Mag der Sprachgebrauch sich zur Bezeichnung des psychischen Tatbestandes der Substantiva, der Dingwörter bedienen — kein seelisches Faktum hat den Charakter eines Dinges, jedes seelische Faktum ist durch seine Abhängigkeit von jenem *Ich* ausgezeichnet. Man kann folglich nicht sagen: *Die* Vorstellung beeinflusse *die* Wahrnehmung. Das, was man hier fälschlicherweise als „Einfluß" der Vorstellung auf die Wahrnehmung bezeichnet, drücken wir präzise und methodisch richtig aus, indem wir sagen: „Ich beeinflusse mit *meiner* Vorstellung *meine* Wahrnehmung". Der sog. Einfluß der Vorstellung auf die Wahrnehmung ist nur dann ein *psychologisches* Problem, wenn er vom Ich ausgeht, kurz, wenn er soviel bedeutet wie „ich beeinflusse". Und ganz ebenso bedeutet „Beziehung zwischen Vorstellung und Wahrnehmung": „Ich beziehe meine Vorstellung auf meine Wahrnehmung" ...

Untersuchungen über die Sehbahn

FOERSTER hat sich — angeregt auch durch seinen Breslauer ophthalmologischen Kollegen LENZ — oft mit dem Verlauf der Sehbahn befaßt und darüber 1929 anhand von 4 Fällen mit genauer Untersuchung berichtet. Er hat seine Thesen dann auch an den klinischen Bildern seiner Patienten mit Hirntumoren immer wieder überprüft und schließlich 1934 in seinem Referat über die Lokalisation abschließend zusammengefaßt. Ihn interessierte besonders die Lokalisation der Makulafasern im Verlauf der Sehbahn.

Ein Fall von Recklinghausenscher Krankheit mit fünf nebeneinander bestehenden verschiedenartigen Tumorbildungen

mit O. GAGEL. Zschr. ges. Neurol. u. Psychiatr. 138, 339–360 (1932).

... Wenn man die Abb. 4 b betrachtet, welche einen Horizontalschnitt durch die Area striata darstellt, und sieht, in welch beträchtlichem Umfange diese zerstört ist, so erscheint es wunderbar, daß dieser Zerstörung kein klinisch-faßbarer Sehdefekt entsprochen hat. Aber bei näherer Betrachtung wird diese Diskrepanz verständlich. Die zerstörte Partie der Area striata entspricht dem hinteren Abschnitt derselben. In diesem Teile der Calcarina ist die Macula vertreten; die Macula ist aber nach den Forschungen von WILBRAND, LENZ u. a., denen auch wir uns in früheren Arbeiten angeschlossen haben, in beiden Hemisphären repräsentiert. Die Ausschaltung des hinteren Abschnittes der linken Area striata wird durch die rechte Area striata vollkommen ausgeglichen. Der Befund unseres Falles stellt unseres Erachtens einen neuen und wichtigen Beleg für die Lehre von der bilateralen Vertretung der Macula dar ...

IV. Kongreßreden und biographische Würdigungen

Bekannt sind die großen Ansprachen, die FOERSTER bei der Eröffnung der Gesellschaft Deutscher Nervenärzte gehalten hat. Wochen benötigte er oft, um sich genau über die Geschichte und akademischen Traditionen der betreffenden Universität oder Stadt zu informieren, die er in allen Einzelheiten in seiner Rede wiedergab. Er kannte die Biographien aller Wissenschaftler der Kongreß-Stadt, er zeichnete die kulturelle und wirtschaftliche Bedeutung des Kongreßortes für sein Land. In einer oft etwas pathetisch klingenden Sprache, durch zahlreiche Dichterzitate bereichert, schuf er so kleine Meisterwerke klassischer Rhetorik. In einer dieser Kongreßreden setzte er sich auch mit der Stellung der Neurologie zur Inneren Medizin auseinander und betonte die Notwendigkeit einer Ausbildung in Innerer Medizin (1928).
Welche Arbeit häufig bei der Vorbereitung solcher Kongresse notwendig war, zeigt seine Ansprache des vorangehenden Jahres (1927) in Wien. Er berichtete dort ausführlich über TÜRCK, NOTHNAGEL, MEYNERT, ANTON, KRAFFT-EBING, OBERSTEINER, WAGNER V. JAUREGG, MARBURG, BENEDIKT, BRÜCKE, ROKITANSKY und die unseren Fachgenossen weniger bekannten Vertreter aller klinischen Schulen mit ihren Mitarbeitern, wobei weit über 100 Namen genannt wurden, deren Träger zum Teil, zum mindesten in einem Satz, in ihrer wissenschaftlichen Bedeutung auch noch gewürdigt wurden.

Aus einem Brief NONNES *an Frau Dr.* ILSE ROSENFELD(-FOERSTER)

... Ihr Vater hat als erster Vorsitzender — das war offizielle Pflicht — acht Jahre hindurch die erste Rede gehalten. Das waren immer Meisterwerke, in denen die früheren und gegenwärtigen Neurologen der betreffenden Stadt, in der die Sitzung stattfand, gewürdigt wurden. Dazu wurde die Geschichte der Stadt bzw. Provinz, soweit sie die Kultur und Wissenschaft anging, beleuchtet. Diese Reden, die zunächst einige Jahre HERMANN OPPENHEIM, dann acht Jahre ich hielten als die damals 1. Vorsitzenden, wurden von OTFRID FOERSTER formvollendet, inhaltlich ungemein fesselnd, mit geistreichen Zitaten, vorgetragen. Alles lauschte gespannt. Man fühlte wie bei HOCHE auf der Jahresversammlung in Baden-Baden, wie er selbst sich in seinem Elemente fühlte und wie es ihm Freude machte, über die jeweiligen Stätten uns viel Neues zu sagen ...

Eröffnungsansprache anläßlich der 18. Jahresversammlung der Gesellschaft Deutscher Nervenärzte 1928 in Hamburg
Verhdlg. d. Ges. Dtsch. Nervenärzte, 18. Jahresvers., S. 4–28. Verlag von F. C. W. Vogel in Leipzig 1929.

... Allerdings erwächst der Neurologie, wenn sie ihre Selbständigkeit erringen und behaupten will, ein riesiger Pflichtenkreis. Der Neurologe muß nicht nur die Anatomie,

Physiologie und Pathologie des Nervensystems beherrschen, er sollte m. E. in allen diagnostischen Methoden durchaus sein eigener Techniker sein ...

... Andererseits hat die Neurologie aber auch, wenn sie ihre Stellung im Rahmen der Gesamtmedizin richtig auffaßt und wenn dem Vorwurf, der gegen das Spezialistentum erhoben wird, daß über dem kranken Organ der Gesamtorganismus vergessen wird, die Berechtigung entzogen werden soll, die Pflicht, die engste Fühlung mit der Gesamtmedizin und mit allen anderen Sonderdisziplinen derselben aufrecht zu erhalten ...

... Ich möchte mich aber auf einige wenige Bemerkungen über die Fühlung, welche die Neurologie mit der Inneren Medizin im engeren Sinne haben soll und halten muß, beschränken. Der Neurologe muß wissen, inwieweit ein Krankheitsbild, auf das er stößt, Symptome, die ihm geklagt werden, der Ausdruck einer Allgemeinerkrankung des Gesamtorganismus oder die Folge einer Erkrankung dieses oder jenes inneren Organes sein können. Wie oft ist eine sogenannte Armneuralgie nur der Ausdruck einer Myocarderkrankung oder einer Aortitis, wie oft der Kopfschmerz nur ein Symptom einer chronischen Nierenerkrankung oder einer Hypertension, wie oft eine kombinierte Strangerkrankung der erste Auftakt einer beginnenden Perniciosa, wie oft eine Ischias, ein lästiger Pruritus die Folge eines latenten Diabetes. Wie oft wird der Neurologe, wenn er ehrlich ist und seinen Kranken gewissenhaft berät, ihm sagen müssen: Ja, Sie gehören nicht zu mir, sondern zum Internisten!

Wie oft aber wird der Neurologe auch an die Hilfe des Internisten appellieren müssen, wenn es sich bei primären Nervenkrankheiten darum handelt, eine bestimmte Abwegigkeit in der Tätigkeit dieses oder jenes inneren Organs oder bestimmte Stoffwechselstörungen näher analysieren zu lassen. Ich denke hier z. B. an die Störungen der sekretorischen und motorischen Tätigkeit des Magens und die höchst eigenartigen Störungen des Wasserhaushaltes und des gesamten Stoffwechsels bei gastrischen Krisen. Ich denke an die Störungen des Blutzuckergehaltes, des Wasserhaushaltes, der Kochsalztoleranz bei den Erkrankungen der Hypophyse, bei Tumoren in der Gegend des Tuber cinereum, überhaupt bei raumbeengenden, mit Druckerhöhung einhergehenden endokraniellen Prozessen. Ich denke an die Störungen der Thermoregulation bei operativen Eingriffen am Liquorsystem oder im Bereiche des oberen Halsmarkes.

Ich bitte die Herren Internisten, es nicht als einen Zufall zu betrachten, daß wir das vegetative Nervensystem als Mittelpunkt unserer diesjährigen Tagung gestellt haben. Es ist uns ernstlich darum zu tun, zu zeigen, daß unser Spezialfach auf dem Boden der Gesamtmedizin stehen will. Wir Neurologen sollen und wollen von anatomischer, physiologischer, pharmakologischer und internistischer Seite ebenso belehrt werden, wie wir das, was wir unsererseits über den Einfluß des Nervensystems auf die Tätigkeit der einzelnen Organe unseres Körpers zu sagen haben, vorbringen wollen. Engste Kooperation unseres Faches mit allen anderen Fächern der Medizin und mit dem Gesamtgebiete soll unsere Devise sein ...

Harvey Cushing

Zbl. Neurochir. 4, 195–197 (1939).

Aus dieser heiligen Achtung ... erklärt sich auch Cushings instinktive Zurückhaltung gegenüber den Hirngeschwülsten delikaten Sitzes (Vierhügelgegend, III. Ventrikel, Aquädukt). Nicht etwa, daß seine chirurgische Meisterhand grundsätzlich vor ihnen zurückgeschreckt wäre! Er hat vielmehr in zahlreichen Fällen bewiesen, daß auch sie durch geschickten und sicheren Zugriff gefaßt werden können. Aber er hat doch mit seinem klaren kritischen Blick erkannt, daß eine „erfolgreiche" Entfernung der Geschwulst in der überwiegenden Mehrzahl derartig lokalisierter Hirntumoren an ihrem Sitze und ihrer Verschmelzung mit den umgebenden lebenswichtigen Hirngebilden scheitert ...
... Dieses gigantische Bemühen Cushings hat reichste Früchte getragen! Heute wird ein Meningeom der Olfactoriusgrube, ein eosinophiles Adenom der Hypophyse, ein Oktavusneurinom, ein Kleinhirnastrocytom und Kleinhirnmedulloblastom fast mit automatischer Sicherheit aus der jeweiligen Symptomatologie und dem Lebensalter des Kranken diagnostiziert. Vor Cushing war davon keine Rede, es dachte überhaupt niemand an eine solche Möglichkeit. Diese bis ins kleinste durchgeführte *Tumortypologie* ist Harvey Cushings Lebenswerk, grandios, nicht nur vom rein pathologischen Gesichtspunkt, sondern vor allem vom *praktisch-therapeutischen* Standpunkt ...

Geleitwort von Otfrid Foerster *anläßlich der Begründung der ersten neurochirurgischen Fachzeitung, des „Zentralblattes für Neurochirurgie" durch* W. Tönnis

... „Zwar unterhält die Neurologie zu allen anderen Fächern der Medizin, wie wohl kaum ein anderes Sonderfach derselben, die innigsten Beziehungen, und die Aufgaben der Neurochirurgie liegen nicht allein in der chirurgischen Behandlung der Nervenkrankheiten, sondern sie umfaßt auch alle diejenigen chirurgischen Eingriffe am Nervensystem, welche der Behandlung der verschiedensten Erkrankungen anderer Organe dienen. Es sei nur an die Vorderseitenstrangdurchschneidung zur Beseitigung von Schmerzzuständen verschiedenster Genese, an die Eingriffe am Sympathikus, an Rückenmarkswurzeln und an den Rückenmarkssträngen bei obliterierenden Gefäßerkrankungen, bei der Angina pectoris, beim Hochdruck, bei zahlreichen, jeder anderen Therapie trotzenden Geschwürsbildungen, bei der Sklerodermie und zahlreichen anderen Erkrankungen erinnert. Aber wenn auch die Verteilung der neurochirurgischen Arbeiten auf die verschiedensten neurologischen, chirurgischen, internistischen, pädiatrischen, ophthalmologischen und otiatrischen Zeitschriften der Vielseitigkeit und den mannigfachen Wechselbeziehungen der Neurochirurgie mit allen anderen Disziplinen entspricht, so darf andererseits nicht verkannt werden, daß eine Zusammenfassung in einem besonderen neurochirurgischen Publikationsorgan der Weiterentwicklung der Neurochirurgie selbst nur förderlich sein kann, ja, daß es einer solchen Zusammenfassung geradezu bedarf ...“

Die Empfehlungen des Berner Kongresses (1931) an die Regierungen der Länder

Im Anschluß an die Berichte und die Aussprache über: „Das Verhältnis der Neurologie zur allgemeinen Medizin und zur Psychiatrie an den Universitäten und den Spitälern der verschiedenen Länder“ wurde folgende, von Professor OTFRID FOERSTER, Breslau, vorgeschlagene *Resolution* einstimmig angenommen:

Proceedings of the First Internat. Neurological Congress Bern 1931, Verlag Stämpfli & Cie, Bern 1932.

RESOLUTION
gefaßt auf dem I. Internationalen Neurologischen Kongreß
Bern, 31. August bis 4. September 1931.

„Die Neurologie stellt heute ein vollkommen selbständiges Fach der Medizin dar. Dieser Tatsache wird aber leider in verschiedenen Ländern nicht gebührend Rechnung getragen. Der Kongreß äußert den Wunsch, daß die zuständigen Behörden der betreffenden Staaten der Neurologie eine möglichst weitgehende Fürsorge zuwenden mögen“.

Ausklang

FOERSTER ist wie NONNE immer für eine Sonderstellung der Neurologie als eigenes akademisches Fach der Medizin eingetreten. Er hat diese Eigenständigkeit auch vor der ganzen Welt betonen können, als der erste Internationale Neurologenkongreß in Bern 1931 eine von ihm verfaßte Resolution an die Regierungen der Weltstaaten verkündete. Inzwischen sind viele Länder, besonders auch die Vereinigten Staaten und in den letzten Jahren auch die beiden Teile Deutschlands diesem Appell gefolgt. FOERSTER wäre glücklich gewesen, hätte er noch die Stiftung so zahlreicher neurologischer Lehrstühle an Deutschlands Universitäten und Medizinischen Akademien erleben können.

An dieser entscheidenden Entwicklung der internationalen Neurologie in den letzten 25 Jahren hat das Werk FOERSTERs, seine Art Neurologie zu treiben, einen entscheidenden Anteil gehabt. 25 Jahre nach seinem Tod ist seine Arbeit nicht vergessen und man kann sogar sagen, sein Werk noch nicht annähernd ausgeschöpft. Besonders bedauerlich ist, daß seine Arbeitsrichtung in der deutschen Neurologie, Neurochirurgie und Neurophysiologie so wenig Nachfolge und Resonanz gefunden hat. Kaum finden sich in den deutschen Neurologischen Archiven Arbeiten über die Lokalisationslehre. Aber auch im angelsächsischen Sprachraum läßt der Anstoß, den die Fultonsche Arbeitsrichtung gegeben hatte, merklich nach. Möge diese Berührung mit dem Werk FOERSTERs diese funktionell-lokalisatorische Arbeitsrichtung auch in Deutschland wieder beleben.

Die Deutsche Gesellschaft für Neurologie und die Deutsche Gesellschaft für Innere Medizin gedenken dieses Mannes, der weit über sein Vaterland die Wissenschaft der Welt befruchtet hat. Sein Werk sei Vorbild für die Jugend, die sich der Neurologie widmen will.

OTFRID FOERSTER war Träger folgender Auszeichnungen:

1. Erb-Medaille 1920
2. Möbius-Medaille 1920
3. Nothnagel-Gedächtnismedaille 1932
4. Cothenius-Medaille 1935
5. Goldene Hughlings-Jackson-Medaille 1935

Ferner wurde er durch die Verleihung von folgenden *Mitgliedschaften* wissenschaftlicher Gesellschaften ausgezeichnet:

1. Ehrenmitglied und Ehrenvorsitzender der Gesellschaft Deutscher Nervenärzte,
2. Kurator des Kaiser-Wilhelm-Institutes für Hirnforschung, Berlin,
3. Senator der Kaiserl. Leopoldinischen Akademie der Naturforscher in Halle,
4. Mitglied des Wissenschaftlichen Ausschusses der Gesellschaft Deutscher Naturforscher und Ärzte,
5. Ehrenmitglied des Wiener Vereins für Psychiatrie und Neurologie,
6. Ehrenmitglied der Wiener Gesellschaft für Innere Medizin,
7. Korrespondierendes Mitglied der Wiener Gesellschaft der Ärzte,
8. Ehrenmitglied der Deutschen Ärztevereinigung Prag,
9. Ehrenmitglied der Royal Society of Medicine, London,
10. Korrespondierendes Mitglied der British Medical Association,
11. Ehrenmitglied der British Association of Neurological Surgeons,
12. Korrespondierendes Mitglied der Societé de Neurologie de Paris,
13. Ehrenmitglied des American College of Surgeons 1930,
14. Ehrenmitglied der American Neurological Association,
15. Ehrenmitglied der Academy of Medicine, New York,
16. Korrespondierendes Mitglied der Deutschen Ärztegesellschaft, New York,
17. Surgeon in chief pro tempore. Peter Bent-Bringham Hospital Boston 1930,
18. Korrespondierendes Mitglied der Harvey Cushing-Society,
19. Ehrenmitglied der Academia Medica di Roma,
20. Korrespondierendes Mitglied der italienischen Gesellschaft für Neurochirurgie,
21. Ehrenmitglied der Türkischen Ärztegesellschaft,
22. Ehrenmitglied der jugoslawischen Oto-Neuro-Ophthalmologischen Gesellschaft,
23. Ehrenmitglied der Moskauer Pathologischen Gesellschaft,
24. Ehrenmitglied der Ukrainischen Ärztegesellschaft,
25. Ehrenmitglied der Estnischen Gesellschaft für Neurologie,
26. Korrespondierendes Mitglied der Warschauer Neurologischen Gesellschaft,
27. Korrespondierendes Mitglied der Societas Medicorum Suedana,
28. Korrespondierendes Mitglied der Königlich Schwedischen Gesellschaft der Naturforscher Lund,
29. Ehrenmitglied der Kopenhagener Ärztegesellschaft,
30. Ehrenmitglied der Holländischen Gesellschaft für Psychiatrie und Neurologie.

Bibliographie

1897

Quantitative Untersuchungen ueber die agglutinirende und baktericide Wirkung des Blutserums von Typhus-Kranken und -Reconvalescenten. Inaugural-Dissertation, Med. Facultät, Universität Breslau, 20. Mai, 1897.

Quantitative Untersuchungen über die agglutinirende und baktericide Wirkung des Blutserums von Typhuskranken und -Reconvalescenten. Z. Hyg. InfektKr. *24*, 500–529 (1897).

Die Serodiagnostik des Abdominaltyphus. Fortschr. Med. *15*, 401–409 (1897).

1899

Les troubles de la sensibilité dans le tabes. Rev. neurol. *7*, 822–826 (1899) (mit H. S. Frenkel [1]).

1900

Untersuchungen über die Störungen der Sensibilität bei der Tabes dorsalis. Arch. Psychiat. Nervenkr. *33*, 108–158, 450–520 (1900) (mit H. S. Frenkel [1]).

Zur Symptomatologie der Tabes dorsalis im praeataktischen Stadium und über den Einfluss der Opticusatrophie auf den Gang der Krankheit. Mschr. Psychiat. Neurol. *8*, 1–14, 133–150 (1900).

Demonstration: Fall von einem eigenthümlichen psychischen Zwangsphänomen, etc. (78. Sitz. Ver ostdtsch. Irrenärzte, Breslau. 24. Feb. 1900) Allg. Z. Psychiat. *57*, 411–414, 415 (1900). Ref. Rev. neurol. *9*, 258 (1901).

1901

Uebungstherapie bei Tabes dorsalis. Dtsch. Ärzteztg., 100–104, 128–131 (1901).

Untersuchungen über das Localisationsvermögen bei Sensibilitätsstörungen. Ein Beitrag zur Psychophysiologie der Raumvorstellung. Mschr. Psychiat. Neurol. *9*, 31–42, 131–144 (1901).

Beiträge zur Physiologie und Pathologie der Coordination. Die Synergie der Agonisten. Mschr. Psychiat. Neurol. *10*, 334–347 (1901).

1902

Die Physiologie und Pathologie der Coordination; eine Analyse der Bewegungsstörungen bei den Erkrankungen des Centralnervensystems und ihre rationelle Therapie. Jena, G. Fischer, 1902. xiv, 318 pp. 8°.

Ein Fall von Poliomyelitis im obersten Halsmark. (Med. Sekt. schles. Ges. vaterl. Kult. Breslau. 6. Dez. 1901). Allg. med. ZentZtg. *71*, 13–14 (1902).

Discussion, Mams: Ueber die Frühdiagnose der Tabes mit besonderer Berücksichtigung der Augensymptome (Med. Sect. schles. Ges. vaterl. Kult. Breslau. 4. Juli 1902). Allg. med. ZentZtg. *71*, 714 (1902).

Ueber einige seltenere Formen von Krisen bei der Tabes dorsalis sowie über die tabischen Krisen im Allgemeinen. Mschr. Psychiat. Neurol. *11*, 259–283 (1902).

1903

Atlas des Gehirns. Schnitte durch das menschliche Gehirn in photographischen Originalen. Abt. 3. —
21 Sagittalschnitte durch eine Grosshirnhemisphäre. Herausgegeben von Carl Wernicke. Breslau,
Verlag der Psychiatrischen Klinik (1903).
Die Mitbewegungen bei Gesunden, Nerven- und Geisteskranken. Jena, G. Fischer (1903). 53 pp. 8°. Ref.
Rev. Neurol. *12*, 555 (1904).
Beiträge zur Kenntnis der Mitbewegungen. Jena, G. Fischer, 32 pp. (1903).
Ein Fall von elementarer allgemeiner Somatopsychose (Afunktion der Somatopsyche). Ein Beitrag zur
Frage der Bedeutung der Somatopsyche für das Wahrnehmungsvermögen. Mschr. Psychiat. Neurol. *14*,
189–205 (1903).
Ueber Uebungstherapie (Med. Sect. schles. Ges. vaterl. Kult. Breslau. 5. Dec. 1902). Allg. med. ZentZtg.
72, 15 (1903).
Vergleichende Betrachtungen über Motilitätspsychosen und über Erkrankungen des Projektionssystems.
Antrittsvorlesung. Habilitation als Privatdozent f. Nervenheilkunde und Psychiatrie, 10. Aug. 1903.

1904

Die Fasersysteme des Grosshirns des Menschen. Arch. Psychiat. Nervenkr. *39*, 924–928 (1904).
Ein Fall von Dementia paralytica nach Typhus abdominalis mit Ausgang in vollkommene Heilung.
Mschr. Psychiat. Neurol. *16*, 583–589 (1904). Ref. Neurol. Zbl. *24*, 81 (1905).
Grundlagen der Übungsbehandlung bei der Hemiplegie (76. Versamml. Ges. dtsch. Naturforsch. Ärz.
1904). Verh. Ges. dtsch. Naturf. Ärz., 308–310 (1904).
Hirnveränderungen bei Erschütterung (76. Versamml. Ges. Naturforsch Ärz. 1904). Verh. Ges. dtsch.
Naturf. Ärz., 525–528 (1904).
Das Wesen der choreatischen Bewegungsstörungen. Samml. klin. Vortr., 1904, No. 382 (Inn. Med. No.
113), 259–294. Ref. Neurol. Zbl. *24*, 912 (1905).
Compensatorische Übungstherapie bei der Tabes dorsalis. Lehrbuch der physikalischen Heilmethoden.
Wien, 1904.

1905

Zwei Fälle von Friedreich'scher Krankheit (Med. Sect. schles. Ges. vaterl. Cult. Breslau. 3. März 1905).
Allg. med. ZentZtg. *74*, 232 (1905).

1906

Die Kontrakturen bei den Erkrankungen der Pyramidenbahn. Berlin, S. Karger, 1906. 65 pp. 8°. Ref. Rev.
Neurol. *14*, 1157 (1906).
Demonstration eines Falles von hysterischer Bewegungsstörung im Bereiche des linken Augenlides. Allg.
Z. Psychiat. *63*, 339–343 (1906).
Ein Fall von isolierter Durchtrennung der Sehne des langen Fingerstreckers. Ein Beitrag zur Physiologie
der Fingerbewegungen. Beitr. klin. Chir. *50*, 676–683 (1906).

1907

Erfahrungen über die Behandlung von Störungen des Nervensystems auf syphilitischer Grundlage.
Neisser Festschrift. Arch. Derm. Syph., Wien, *86*, 3–44 (1907) (mit HARTTUNG [1]).

Ein Fall von Cysticerkus der Gehirnrinde durch Operation entfernt (Med. Sect. schles. Ges. vaterl. Kult.
Breslau. 15. Nov. 1907). Allg. med. ZentZtg. *76*, 782–783 (1907).
Fall von Commotio und Contusio cerebri: Aphasie, Rindenepilepsie, Trepanation, Heilung (Med. Sect.
schles. Ges. vaterl. Cult. Breslau. 15. Nov. 1907). Allg. med. ZentZtg. *76*, 790 (1907).
Demonstration: a. Cysticercus im Gehirn. b. Epilepsie nach Trauma (Med. Sekt. schles. Ges. vaterl. Kult.
Breslau. 15. Nov. 1907). Dtsch. med. Wschr. *33*, 2199 (1907).
Diskussion, ANSCHÜTZ: Beitrag zur Chirurgie des Kleinhirntumors (Med. Sekt. schles. Ges. vaterl. Kult.
Breslau. 23. Nov. 1906). Allg. med. ZentZtg. *76*, 10–12 (1907).

1908

Drei Fälle von isolierten Sehnenverletzungen. Ein weiterer Beitrag zur Physiologie und Pathologie der
Fingerbewegungen. Beitr. klin. Chir. *57*, 720–733 (1908).
Ueber eine neue operative Methode der Behandlung spastischer Lähmungen mittels Resektion hinterer
Rückenmarkswurzeln. Z. orthop. Chir. *22*, 203–223 (1908).
Demonstration: Ein Fall von linksseitiger Kleinhirncyste, operativ entfernt. Heilung (Med. Sekt. schles.
Ges. vaterl. Kult. Breslau. 31. Jan. 1908). Allg. med. ZentZtg. *77*, 130 (1908).

1909

Beiträge zur Hirnchirurgie. Berl. klin. Wschr. *46*, 431–436 (1909).
Zur Symptomatologie der Poliomyelitis anterior acuta. Beobachtung während der diesjährigen Epidemie
in Breslau. Berl. klin. Wschr. *46*, 2180–2184 (1909).
Über den Lähmungstypus bei cortikalen Hirnherden. Dtsch. Z. Nervenheilk. *37*, 349–414 (1909).
Ueber operative Behandlung gastrischer Krisen durch Resektion der 7.–10. hinteren Dorsalwurzeln. Beitr.
klin. Chir. *63*, 245–256 (1909) (mit H. KÜTTNER). Ref. Berl. klin. Wschr. *46*, 2031 (1909).
Die arteriosklerotische Muskelstarre. Allg. Z. Psychiat. *66*, 902–914 (1909).
Ueber die Behandlung spastischer Lähmungen mittels Resektion hinterer Rückenmarkswurzeln. Mitt.
Grenzgeb. Med. Chir. *20*, 493–558 (1909).
Der atonisch-astatische Typus der infantilen Cerebrallähmung. Dtsch. Arch. klin. Med., *98*, 216–244
(1909).
Operative Behandlung gastrischer Krisen (Med. Sekt. schles. Ges. vaterl. Kult. Breslau. 5. März 1909).
Allg. med. ZentZtg. *78*, 189–190 (1909).

1910

Über die operative Behandlung spastischer Lähmungen mittels Resektion der hinteren Rückenmarkswurzeln. Berl. klin. Wschr. *47*, 1441–1444 (1910). Ref. Zbl. Neurol. Psychiat. *2*, 187–188 (1910).
Demonstration: Zwei Fälle von traumatischer Aphasie (Bresl. chir. Ges. 10. Jan. 1910). Berl. klin. Wschr.
47, 313 (1910).
Ueber die Störungen in der Fixation des Beckens und Knies bei Nervenkrankheiten (9. Kongr. dtsch. Ges.
orthop. Chir. Berlin. 1910). Berl. klin. Wschr. *47*, 807 (1910).
Discussion, ECKERT: Fall von Tabes mit hinterer Wurzeldurchschneidung (Ges. Charité Aerz. 3. März
1910). Berl. klin. Wschr. *47*, 1079–1080 (1910).
Die Störungen in der Fixation des Knies und Beckens bei Nervenkrankheiten. Ein Beitrag zur analytischen
Uebungsbehandlung und zur orthopädischen Behandlung der Gehstörung bei Nervenkrankheiten. Z.
orthop. Chir. *27*, 221–251 (1910).

1911

Diskussion, KRAMER: Zur Differentialdiagnose der Tabes dorsalis und Lues spinalis (Bresl. psychiat.-neurol. Verein. 28. Nov. 1910). Berl. klin. Wschr. *48*, 43 (1911).

Diskussion, FREUND, C. S.: Hysterischer Blepharospasmus (Bresl. psychiat.-neurol. Verein. 28. Nov. 1910). Berl. klin. Wschr. *48*, 44 (1911).

Traumatische Rückenmarksaffektionen (Bresl. psychiat.-neurol. Verein. 28. Nov. 1910). Berl. klin. Wschr. *48*, 45 (1911).

Behandlung progressiver Paralyse (Med. Sekt. schles. Ges. vaterl. Kult. Breslau. 9. Dez. 1910). Berl. klin. Wschr. *48*, 144–145 (1911).

Demonstration: Traumatische Rückenmarksaffektionen etc. (Bresl. chir. Ges. 9. Jan. 1911). Berl. klin. Wschr. *48*, 404 (1911).

Fall von gastrischen Krisen mit hinterer Wurzel-Resektion (Bresl. chir. Ges. Mai 1911). Berl. klin. Wschr. *48*, 1156 (1911).

Diskussion, KÜTTNER: Kompression des Atmungscentrums. Trepanation. Heilung (Bresl. chir. Ges. 10. Juli 1911). Berl. klin. Wschr. *48*, 1665 (1911).

Hämatomyelien (Med. Sekt. schles. Ges. vaterl. Kult. Breslau. 20. Okt. 1911). Berl. klin. Wschr. *48*, 2182 (1911).

Diskussion, HORSLEY, V.: Operative versus expectant treatment in diseases of the nervous system (4. Jahresversamml. Ges. dtsch. Nervenärz. Berlin. 6.–8. Oct. 1910). Dtsch. Z. Nervenheilk. *41*, 97 (1911).

Über die Beeinflussung spastischer Lähmungen durch die Resektion hinterer Rückenmarkswurzeln (4. Jahresversamml. Ges. dtsch. Nervenärz. Berlin. 1910). Dtsch. Z. Nervenheilk. *41*, 146–169, 229–231 (1911). Ref. Zbl. ges. Neurol. Psychiat. *2*, 554–556 (1910).

Die operative Behandlung gastrischer Krisen durch Resektion hinterer Dorsalwurzeln. Ther. d. Gegenw. *52*, 337–347 (1911). Ref. Zbl. ges. Neurol. Psychiat. *5*, 83 (1912).

Ueber die operative Behandlung spastischer Lähmungen mittels Resektion hinterer Rückenmarkswurzeln. Ther. d. Gegenw. *52*, 13–18 (1911). Ref. Berl. klin. Wschr. *48*, 395 (1911).

Die Behandlung spastischer Lähmungen durch Resektion hinterer Rückenmarkswurzeln. Ergebn. Chir. Orthop. *2*, 174–209 (1911).

Diskussion, GULEKE, GÜMBEL: Erfahrungen mit der Foerster'schen Operation. Verh. dtsch. Ges. Chir. *40*, 333–334 (1911).

Bericht über luetische Affectionen des Zentralnervensystems (5. Jahresversamml. Ges. dtsch. Nervenärzte Frankfurt am Main. 1911). Verh. Ges. dtsch. Nervenärzte, 161–167 (1911).

Resection of the posterior spinal nerve-roots in the treatment of gastric crises and spastic paralysis. Proc. R. Soc. Med. *4*, 226–246 (1910–1911).

1912

Demonstration: Tuberkulöse Affektionen des Centralnervensystems, etc. (Bresl. psychiat.-neurol. Verein. 4. Dez. 1911). Berl. klin. Wschr. *49*, 184–187 (1912).

Demonstration: Cysticerkenmeningitis, etc. (Bresl. chir. Ges. 11. Dez. 1911). Berl. klin. Wschr. *49*, 279 bis 280 (1912).

Diskussion, KÜTTNER: Doppelseitige Vagotomie wegen gastrischer Krisen (Bresl. chir. Ges. 22. Jan. 1912). Berl. klin. Wschr. *49*, 570–571 (1912).

Dauerresultate der operativen Behandlung der Little'schen Krankheit mittels Wurzelresektion (Med. Sekt.
schles. Ges. vaterl. Kult. Breslau. 23. Feb. 1912). Berl. klin. Wschr. *49*, 764 (1912).

Diskussion, WOLFF: Plexuslähmung bei Wirbelsäulenfraktur (Med. Sekt. schles. vaterl. Kult. Breslau. Feb.
1912). Berl. klin. Wschr. *49*, 766 (1912).

Die histologische Untersuchung der Hirnrinde intra vitam durch Hirnpunktion bei diffusen Erkrankungen des Centralnervensystems. Berl. klin. Wschr. *49*, 973–977 (1912).

Demonstration: Hämatomyelie. Sehnenplastik, etc. (Med. Sekt. schles. Ges. vaterl. Kult. Breslau. 17. Mai
1912). Berl. klin. Wschr. *49*, 1251–1252 (1912).

Diskussion zu dem Referat Nonne und zu dem Vortrag Benario. Über die sog. Neurorezidive, deren
Ätiologie, Vermeidung und therapeutische Beeinflussung (5. Jahresversamml. Ges. dtsch. Nervenärz., Frankfurt 1911). Dtsch. Z. Nervenheilk. *53*, 319–325 (1912).

Diskussion, KRAUSE, F., und OPPENHEIM, H.: Zwei Fälle von cystischer Entartung des Seitenventrikels mit
Hemiplegie und Epilepsie. Heilung nach beider Eröffnung und Duraplastik. Dtsch. Z. Nervenheilk.
43, 345–346 (1912).

Arteriosklerotische Neuritis und Radiculitis (6. Jahresversamml. Ges. dtsch. Nervenärz. Hamburg, Sept.
1912). Verh. Ges. dtsch. Nervenärz. 134–165 (1912); Dtsch. Z. Nervenheilk. *45*, 374–405 (1912). Ref.
Berl. klin. Wschr. *49*, 2108 (1912).

Diskussion über Stoffelsche Operation (11. Kongr. dtsch. Ges. orthop. Chir. Berlin. April, 1912). Z.
orthop. Chir. *30* (Beilageheft), 38–50 (1912).

Die Behandlung spastischer Lähmungen mittels Resektion hinterer Rückenmarkswurzeln (11. Kongr.
dtsch. Ges. orthop. Chir. Berlin. April, 1912). Z. orthop. Chir. *30*, 269–281 (1912). Ref. Berl. klin.
Wschr. *49*, 870 (1912).

Demonstration zur Differentialdiagnose der Paralyse und Pseudoparalyse. Allg. Z. Psychiat., *69*, 776 bis
779 (1912).

Die Indikationen und Erfolge der Resektion hinterer Rückenmarkswurzeln. Wien. klin. Wschr. *25*, 950
bis 954 (1912). Ref. Berl. klin. Wschr. *49*, 1388 (1912).

Indications and results of excision of the posterior spinal roots in man. Med. Rec., N. Y. *82*, 916–917
(1912).

1913

Demonstration: Fall von sogenannter Torsionsneurose, etc. (Bresl. psychiat. neurol. Verein. 29. Jan. 1913).
Berl. klin. Wschr. *50*, 515–517 (1913).

Das phylogenetische Moment in der spastischen Lähmung (Med. Sekt. schles. Ges. vaterl. Kult. Breslau.
24. Jan. 1913). Berl. klin. Wschr. *50*, 1217–1220, 1255–1261 (1913).

Demonstration: Motorische Apraxie, etc. Berl. klin. Wschr. *50*, 1325–1328 (1913).

Vorderseitenstrangdurchschneidung im Rückenmark zur Beseitigung von Schmerzen (Med. Sekt. schles.
Ges. vaterl. Kult. Breslau. 6. Juni, 1913). Berl. klin. Wschr. *50*, 1499–1500 (1913).

Meningocerebellarer Symptomenkomplex bei fieberhaften Erkrankungen (7. Jahresversamml. Ges. dtsch.
Nervenärz. Breslau. Sept. 1913). Verh. Ges. dtsch. Nervenärz. 88–89 (1913). Dtsch. Z. Nervenheilk.
50, 88–89 (1913). Ref. Dtsch. med. Wschr. *39*, 2383 (1913).

Zur Spondylitis traumatica (7. Jahresversamml. Ges. dtsch. Nervenärz. Breslau. 1913). Verh. Ges. dtsch.
Nervenärz. 217–218 (1913). Dtsch. Z. Nervenheilk. *50*, 217–218 (1913) (mit SILVERBERG).

Kinematographische Demonstration: Torsionspasmus etc. (7. Jahresversamml. Ges. dtsch. Nervenärz.)
Dtsch. Z. Nervenheilk. *50*, 292–294 (1913).

Die analytische Methode der kompensatorischen Uebungsbehandlung bei der Tabes dorsalis. Dtsch. med. Wschr. *39*, 1–4, 49–55, 97–101 (1913).

Demonstration: Über phylogenetische Gesichtspunkte bei der Erklärung der spastischen Lähmungen (Bresl. med. Verein. Jan. 1913). Dtsch. med. Wschr. *39*, 628 (1913).

Zur Kenntniss der spinalen Segmentinnervation der Muskeln. Neurol. Zbl. *32*, 1202–1214 (1913).

Der meningo-zerebellare Symptomenkomplex bei fieberhaften Erkrankungen tuberkulöser Individuen. Neurol. Zbl. *32*, 1414–1421 (1913). Ref. Berl. klin. Wschr. *50*, 2296 (1913).

Übungsbehandlung bei Nervenerkrankungen mit oder ohne vorausgegangene Operationen. Z. phys. diätet. Ther. *17*, 321–333, 403–415 (1913). Ref. Berl. klin. Wschr. *50*, 1411 (1913).

Die arteriosklerotische Neuritis. Wien. med. Wschr. *63*, 313–321 (1913). Ref. Zbl. ges. Neurol. Psychiat. *7*, 53 (1913).

Demonstrationen zur Hirn- und Rückenmarkschirurgie (7. Jahresversamml. Ges. dtsch. Nervenärz. Breslau. Sept. 1913). Verh. Ges. dtsch. Nervenärz. 292–294 (1913).

Traitement opératoire des paralysies spasmodiques par la résection des racines postérieures de la moëlle épinière. Paris méd. *1*, 24–28 (1913).

Die physiologischen Grundlagen der verschiedenen Behandlungsmethoden der spastischen Lähmungen (London. 7. Aug.). 17. Int. Congr. Med., 1913 (Sect. 7A Orthopedics), 7–18.

Relations between spasticity and paralysis in spastic paralysis (London. 7. Aug.). 17. Int. Congr. Med., 1913 (Sect. 11 Neuropathology), 55–64.

Les indications et les résultats de la résection des racines postérieures. 3. Clin. Congr. Surg. N. Amer. New York. 11.–16. Nov. 1912). Lyon chir. *9*, 97–109 (1913).

On the indications and results of the excision of posterior spinal nerve roots in men. Surg. Gynec. Obstet. *16*, 463–474 (1913).

1914

The borders of the areas of anesthesia, analgesia and thermoanesthesia in lesions at different levels of the sensory tract (Amer. med. Ass. Atlantic City. N. J., 24. June 1914). Titel in: J. Amer. med. Ass. *63*, 124 (1914) (anscheinend unveröffentlicht).

Diskussion, STERTZ: Die Bedeutung der Hirnpunktion für die chirurgische Indikationsstellung (Bresl. chir. Ges. 19. Jan. 1914). Berl. klin. Wschr. *51*, 375 (1914).

Demonstration: Zur Differentialdiagnose der progressiven Paralyse, etc. (Bresl. psychiat.-neurol. Verein. 23. Feb. 1914). Berl. klin. Wschr. *51*, 765–766 (1914).

1915

Demonstration: Die Schußverletzungen der peripheren Nerven und ihre Behandlung (Med. Sekt. schles. Ges. vaterl. Kult. Breslau. Mai 1915). Berl. klin. Wschr. *52*, 823–827 (1915).

1916

Die Schußverletzungen der peripheren Nerven und ihre Behandlung (Tagung dtsch. orth. Ges. Feb. 1916). Z. orthop. Chir. *36*, 310–318 (1916). Ref. Berl. klin. Wschr. *53*, 233 (1916).

Die Topik der Sensibilitätsstörungen bei Unterbrechung der sensiblen Leitungsbahnen (8. Jahresversamml. Ges. dtsch. Nervenärz. München. 1916). Neurol. Zbl. *35*, 807–808 (1916). Ref. Berl. klin. Wschr. *53*, 1230 (1916).

Kompensatorische Übungstherapie. VOGTs Handb. Ther. Nervenkr. *1*, 267–325 (1916).

94

Die Therapie der Motilitätsstörungen bei den Erkrankungen des Zentralnervensystems. VOGTs Handb.
Ther. Nervenkr. 2, 860–944 (1916).

1917

Fall von intramedullärem Tumor, erfolgreich operiert. Berl. klin. Wschr. *54*, 338 (1917).
Diskussion, L. MANN: Über Behandlung der hysterischen Störungen bei Kriegsverletzten durch elek-
trische Ströme (Med. Sekt. schles. Ges. vaterl. Kult. Breslau. 3. Nov. 1916). Berl. klin. Wschr. *54*, 45
bis 46 (1917).
Die Topik der Sensibilitätstörungen bei Unterbrechung der sensiblen Leitungsbahnen (8. Jahresversamml.
Ges. dtsch. Nervenärz.). Dtsch. Z. Nervenheilk. *56*, 185–186 (1917).

1918

Die psychischen Störungen der Hirnverletzten (Dtsch. Verein. Psychiat. Würzburg. 25. Apr. 1918). Allg.
Z. Psychiat. *74*, 553–562 (1918).
Diskussion, KLEIST: Isolierte Fokalparesen bei isolierter Läsion der vorderen Zentralwindung. Allg. Z.
Psychiat. *74*, 581–588 (1918).
Die operative Behandlung der spastischen Lähmungen (Hemiplegie, Monoplegie, Paraplegie) bei Kopf-
und Rückenmarkschüssen. Dtsch. Z. Nervenheilk. *58*, 151–215 (1918). Ref. Berl. klin. Wschr. *55*, 766
(1918).
Die Symptomatologie und Therapie der Kriegsverletzungen der peripheren Nerven (9. Jahresversamml.
Ges. dtsch. Nervenärz. Bonn. 22.–29. Sept. 1917). Dtsch. Z. Nervenheilk. *59*, 32–172 (1918). Ref.
Berl. klin. Wschr. *54*, 1145 (1917).
Klinische Demonstrationen aus der Pathologie und Therapie der Verletzungen und Erkrankungen peripherer Nerven, des Rückenmarks und Gehirns (Med. Sekt. schles. Ges. vaterl. Kult. Breslau. 22. März
1918) Berl. klin. Wschr. *55*, 960 (1918).

1919

Demonstration: Nervenpfropfung bei Poliomyelitis, etc. (Med. Sekt. schles. Ges. vaterl. Kult. Breslau.
28. Feb. 1919). Berl. klin. Wschr. *56*, 741 (1919).

1920

Zwei Fälle von Angioma racemosum venosum des Gehirns (Bresl. chir. Ges. 19. Jan. 1920). Berl. klin.
Wschr. *57*, 570 (1920).
Demonstration: Verletzung des Zervikalmarks, etc. (Med. Sekt. schles. Ges. vaterl. Kult. Breslau. Feb.
1920). Berl. klin. Wschr. *57*, 717–718 (1920).
Discussion, SCHÄFFER: Ueber den Antagonismus der beiden autonomen Nervensysteme an der quergestreiften Muskulatur (Med. Sekt. schles. Ges. vaterl. Kult. Breslau. 14. Mai 1920). Berl. klin. Wschr.
57, 1007–1008 (1920).

1921

Demonstration: Zur Rindenlokalisation der Augenbewegungen. Zur Encephalitis epidemica (Med. Sekt.
schles. Ges. vaterl. Kult. Breslau. 3. Dez. 1920). Ref. Berl. klin. Wschr. *58*, 458 (1921).

Diagnostik und Therapie der Rückenmarkstumoren (Bresl. chir. Ges. 6. Dez. 1920). Berl. klin. Wschr.
    58, 818–819 (1921).
Demonstration: Extramedullärer Tumor, etc. (Med. Sekt. schles. Ges. vaterl. Kult. Breslau. 17. Juni 1921).
    Berl. klin. Wschr. *58*, 1056–1057 (1921).
Aussprache zu den Berichten Marburg-Cassirer (10. Jahresversamml. Ges. dtsch. Nervenärz. Leipzig.
    1920). Verh. Ges. dtsch. Nervenärz. 38–40 (1921); Dtsch. Z. Nervenheilk. *70*, 38–40 (1921).
Zur Diagnostik und Therapie der Rückenmarkstumoren (10. Jahresversamml. Ges. dtsch. Nervenärz.
    Leipzig. 1920). Verh. Ges. dtsch. Nervenärz. 64–74 (1921); Dtsch. Z. Nervenheilk. *70*, 64–74 (1921).
Zur Analyse und Pathophysiologie der striären Bewegungsstörungen. Z. ges. Neurol. Psychiat. *73*, 1 bis
    169 (1921). Ref. Zbl. ges. Neurol. Psychiat. *29*, 42 (1922).

1922

Demonstration: Atlanto-Occipitaltuberkulose, etc. (Med. Sekt. schles. Ges. vaterl. Kult. Breslau. 20. Jan.
    1922). Klin. Wschr. *1*, 1130 (1922).
Demonstrationen (Psychiat.-neurol. Verein. Breslau. 8. Mai 1922). Klin. Wschr. *1*, 1435 (1922).
Kriegsverletzungen des Rückenmarks und der peripheren Nerven. Schjornigs Handb. ärz. Erfahrungen
    im Weltkrieg 1914–18, *4*, 235–332 (1922).

1923

Aetiologie und initiales Krankheitsbild der akuten Kinderlähmung (17. Kongr. dtsch. Orthop. Ges.
    Breslau. Sept. 1922). Z. orthop. Chir. *44*, 3–4 (1923).
Die Topik der Hirnrinde in ihrer Bedeutung für die Motilität (12. Jahresversamml. Ges. dtsch. Nervenärz.
    Halle. Okt. 1922). Dtsch. Z. Nervenheilk. *77*, 124–139 (1923). Ref. Klin. Wschr. *2*, 227 (1923).
Schlußwort (12. Jahresversamml. Ges dtsch. Nervenärz. Halle. Okt. 1922). Dtsch. Z. Nervenheilk. *77*,
    162–163 (1923).

1924

Aussprache. Mingazzini: Über die Pathologie des Kleinhirns (13. Jahresversamml. Ges. dtsch. Nervenärz.
    Danzig. Sept. 1923). Dtsch. Z. Nervenheilk. *81*, 55–56 (1924).
Aussprache. Dusser de Barenne: Experimentelle Untersuchungen über die Localisation (14. Jahres-
    versamml. Ges. dtsch. Nervenärz.). Dtsch. Z. Nervenheilk. *83*, 300–301 (1924).
Hyperventilationsepilepsie (14. Jahresversamml. Ges. dtsch. Nervenärz. Innsbruck. 24.–27. Sept. 1924).
    Verh. Ges. dtsch. Nervenärz. 155–163 (1925); Dtsch. Z. Nervenheilk. *83*, 347–356 (1924). Ref. Klin.
    Wschr. *3*, 2269 (1924).
Demonstration: Traumatisches Aneurysma der Arteria cerebri anterior (Psychiat. neurol. Verein. Breslau.
    26. Okt. 1923). Klin. Wschr. *3*, 170 (1924).
Zur operativen Behandlung der Epilepsie (Bresl. chir. Ges. 10. Nov. 1924). Klin. Wschr. *3*, 2412 (1924).
Umfrage über die periarterielle Sympathectomie. Med. Klinik 20, 532–535 (1924).
Ein Fall mit ungewöhnlichen Augensymptomen bei Encephalitis (Verein. Augenärz. Schles. u. Posens,
    Breslau. 18. Mai 1924). Klin. Mbl. Augenheilk. *73*, 247–249 (1924) (mit Bielschowsky, S. [1]).

1925

Über die therapeutische Verwendbarkeit des Tetrophans. Klin. Wschr. *4*, 55–60 (1925). Ref. Zbl. ges.
    Neurol. Psychiat. *4*, 41–52 (1925).

Encephalographische Erfahrungen. Z. ges. Neurol. Psychiat. *94*, 512–584 (1925).

Zur Pathogenese und chirurgischen Behandlung der Epilepsie (Bresl. chir. Ges. 10. Nov. 1924). Zbl. Chir. *52*, 531–549 (1925).

Ueber die antidrome Leitung der sensiblen Nerven, pp. 145–155 in: Festschrift für Prof. G. ROSSOLIMO. 1884–1924. Berlin, 1925. Ref. Zbl. ges. Neurol. Psychiat. *43*, 625 (1926).

1926

Ansprache (15. Jahresversamml. Ges. dtsch. Nervenärz. Cassel. 3. Sept. 1925). Dtsch. Z. Nervenheilk. *88*, 99–113 (1926).

Zur operativen Behandlung der Epilepsie (15. Jahresversamml. Ges. dtsch. Nervenärz. Cassel. 1925). Dtsch. Z. Nervenheilk. *89*, 137–147 (1926).

Ansprache (16. Jahresversamml. Ges. dtsch. Nervenärz. Düsseldorf. 1926). Verh. Ges. dtsch. Nervenärz. 3–14 (1926); Dtsch. Z. Nervenheilk. *94*, 3–14 (1926).

Die Pathogenese des epileptischen Krampfanfalles (16. Jahresversamml. Ges. dtsch. Nervenärz.). Verh. Ges. dtsch. Nervenärz. 15–53 (1926); Dtsch. Z. Nervenheilk. *94*, 15–53 (1926).

Schlußwort. WUTH, O.: Stoffwechselpathologie (16. Jahresversamml. Ges. dtsch. Nervenärz. Düsseldorf. 1926). Dtsch. Z. Nervenheilk. *94*, 119–122 (1926).

Ansprache (16. Jahresversamml. Ges. dtsch. Nervenärz. Düsseldorf. 1926). Verh. Ges. dtsch. Nervenärz. 131–139 (1926). Dtsch. Z. Nervenheilk. *94*, 131–135 (1926).

Aussprache. SCHWAB, O.: Über vorübergehende aphasische Störungen nach Rindenexzision usw. (16. Jahresversamml. Ges. dtsch. Nervenärz. Düsseldorf. 1926). Dtsch. Z. Nervenheilk. *94*, 182–183 (1926).

Aussprache. TATERKA, H.: Über Spontanblutungen bei Tabes dorsalis usw. (16. Jahresversamml. Ges. dtsch. Nervenärz. Düsseldorf. 1926). Dtsch. Z. Nervenheilk. *94*, 196 (1926).

Aussprache. LEWY, F. H.: Die Bedeutung der Infektion für die Neurologie (16. Jahresversamml. Ges. dtsch. Nervenärz. Düsseldorf. 1926). Dtsch. Z. Nervenheilk. *94*, 205 (1926).

Schädigung des Gehirns durch stumpfe Kopfverletzungen (12. Tagung südostdtsch. chir. Verein.). Zbl. Chir. *53*, 1192–1198 (1926).

Operative Behandlung des Torticollis spasticus (13. Tagung südostdtsch. chir. Verein. Breslau. 26. Juli 1926). Zbl. Chir. *53*, 2804–2805 (1926).

Demonstration: Fibrosarkom der oberen Halswirbel mit Halsmarkkompression, etc. (Psychiat.-neurol. Verein. Breslau. 17. Dez. 1925). Klin. Wschr. *5*, 432–433 (1926).

Demonstration: Plötzliche Kompression des Opticus, etc. (Verein. südostdtsch. Psychiat. Neurol. Breslau. 17. Mai 1926). Klin. Wschr. *5*, 1896, 1897 (1926).

Methoden der Dermatombestimmung beim Menschen (Verein. südostdtsch. Neurol. Psychiat. Breslau. 27. bis 28. März 1926). Arch. Psychiat. Nervenkr. *77*, 652–658 (1926).

1927

Die Leitungsbahnen des Schmerzgefühls und die chirurgische Behandlung der Schmerzzustände. Bruns Beitr. klin. Chir., 1927, 360 pp. (Sonderbd.). Ref. Klin. Wschr. *6*, 470–471 (1927).

Demonstration: Methoden der Bestimmung des Höhensitzes spinaler Transversalläsionen, etc. (Verein. südostdtsch. Psychiat. Neurol. 5. Mai 1927). Klin. Wschr. *6*, 1825 (1927).

Über die Vorderseitenstrangdurchschneidung (2. Jahresversamml. Verein. südostdtsch. Psychiat. Neurol. Breslau. 5.–6. März 1927). Arch. Psychiat. Nervenkr. *81*, 707–717 (1927).

Schlaffe und spastische Lähmung. Handb. norm. path. Physiol. *10*, 893–972 (1927).

1928

Ansprache (17. Jahresversamml. Ges. dtsch. Nervenärz. Wien. Sept. 1927). Verh. Ges. dtsch. Nervenärz.
4–27 (1928); Dtsch. Z. Nervenheilk. *101*, 88–110 (1928).

Ansprache (18. Jahresversamml. Ges. dtsch. Nervenärz. Hamburg. 1928). Dtsch. Z. Nervenheilk. *106*, 112
bis 136 (1928).

Zur Pupillarinnervation. Dtsch. Z. Nervenheilk. *106*, 311–313 (1928).

Über die Vasodilatatoren in den peripheren Nerven und hinteren Rückenmarkswurzeln beim Menschen.
Dtsch. Z. Nervenheilk. *107*, 41–56 (1928).

Ein Fall von Vierhügeltumor durch Operation entfernt (3. Jahresversamml. südostdtsch. Psychiat. Neurol.
Breslau. 26. Feb. 1928). Arch. Psychiat. Nervenkr. *84*, 515–516 (1928).

Das operative Vorgehen bei Tumoren der Vierhügelgegend (Festschr. Wagner-Jauregg). Wien. klin.
Wschr. *41*, 986–990 (1928). Ref. Klin. Wschr. *7*, 2267 (1928).

1929

Über die Beziehung des vegetativen Nervensystems zur Sensibilität. Jb. schles. Ges. vaterl. Kult. *102*
(Med. Sekt.), 1–3 (1929); Med. Klinik *25*, 519–520 (1929). Zusfssg. Klin. Wschr. *8*, 713–714 (1929).
(mit H. Altenburger).

Über die Nachbarschaftssymptome der Hypophysentumoren (2. Südostdtsch. Ärztetagung. Prag. 23. bis
24. Feb. 1929). Med. Klinik *25*, 925–926 (1929).

Demonstration: Spätoperation nach Schußverletzungen peripherer Nerven, etc. (Bresl. chir. Ges. 16. Jan.
1929). Klin. Wschr. *8*, 522 (1929); Zbl. Chir. *56*, 891–895 (1929).

Über die Beziehungen des vegetativen Nervensystems zur Sensibilität. Z. ges. Neurol. Psychiat. *121*, 139
bis 185 (1929). Ref. Klin. Wschr. *8*, 2256 (1929); Zbl. ges. Neurol. Psychiat. *55*, 29 (1930) (mit H.
Altenburger und F. W. Kroll).

Beiträge zur Pathophysiologie der Sehbahn und der Sehsphäre. J. Psychol. Neurol. Lpz. *39*, 463–485
(1929). Ref. Zbl. ges. Neurol. Psychiat. *56*, 60 (1930).

Ansprache (19. Jahresversamml. Ges. dtsch. Nervenärz. Würzburg. Sept. 1929. Verh. Ges. dtsch. Nervenärz. 4–16 (1929); Dtsch. Z. Nervenheilk. *110*, 208–220 (1929).

Encephalographische Erfahrungen (4. Jahresversamml. südostdtsch. Psychiat. Neurol. Breslau. 2.–3. März
1929). Arch. Psychiat. Nervenkr. *88*, 462–467 (1929).

Über die Beziehungen zwischen vegetativem Nervensystem und Sensibilität (Schles. Ges. vaterl. Kult.
Breslau. 1. Feb. 1929). Dtsch. med. Wschr. *55*, 728 (1929) (mit H. Altenburger).

Torticollis spasticus (23. Kongr. dtsch. orthop. Ges. Prag. Sept. 1928). Z. orthop. Chir. *51*, 144–168 (1929)
(Beilageheft).

Spezielle Anatomie und Physiologie der peripheren Nerven. Handb. Neurol. (Lewandowsky) *3*, 785–974
(1929) (Ergänzbd.).

Die Symptomatologie der Schußverletzungen der peripheren Nerven. Handb. Neurol. (Lewandowsky) *3*,
975–1508 (1929) (Ergänzbd.).

Die Therapie der Schußverletzungen der peripheren Nerven. Handb. Neurol. (Lewandowsky) *3*, 1509 bis
1720 (1929) (Ergänzbd.).

Die traumatischen Läsionen des Rückenmarkes auf Grund der Kriegserfahrungen (Der Mechanismus ihres
Zustandekommens und die pathologisch-anatomischen Veränderungen). Handb. Neurol. (Lewandowsky) *3*, 1721–1927 (1929) (Ergänzbd.).

1930

Ansprache (20. Jahresversamml. Ges. dtsch. Nervenärz. Dresden 1930). Dtsch. Z. Nervenheilk. *115*, 147 bis 159 (1930); Verh. Ges. dtsch. Nervenärz., 3–15 (1931).

Klinische Beiträge: I. Restitution der Motilität. II. Restitution der Sensibilität (20. Jahresversamml. Ges. dtsch. Nervenärz. Dresden. Sept. 1930). Dtsch. Z. Nervenheilk. *115*, 248–295, 296–314 (1930); Verh. Ges. dtsch. Nervenärz., 104–170 (1931).

Schlußwort. GOLDSTEIN: Restitution bei Schädigungen der Hirnrinde (20. Jahresversamml. Ges. dtsch. Nervenärz. Dresden. Sept. 1930). Dtsch. Z. Nervenheilk. *116*, 42–43 (1930).

Der Narbenzug am und im Gehirn bei traumatischer Epilepsie in seiner Bedeutung für das Zustandekommen der Anfälle und für die therapeutische Bekämpfung derselben. Z. ges. Neurol. Psychiat. *125*, 475–572 (1930) (mit W. PENFIELD).

Demonstration mehrerer Fälle von raumbeengenden Prozessen der hinteren Schädelgrube (Verein. südostdtsch. Psychiat. Neurol. Breslau. 20. Jan. 1930). Klin. Wschr. 9, 1603–1604 (1930).

Beitrag zur Behandlung spondylitischer Prozesse im Bereiche des Atlas und Epistropheus. Fixierung des Kopfes und der Halswirbelsäule durch Implantation eines Fibulastückes zwischen Vertebra prominens und Okziput. Festschrift S. E. HENSCHEN. J. Psychol. Neurol., Lpz. *40*, 215–224 (1930). Ref. Zbl. ges. Neurol. Psychiat. *57*, 335 (1930).

Über die efferenten Fasern in den hinteren Wurzeln (5. Jahresversamml. Verein südostdtsch. Psychiat. Neurol. Breslau. März 1930). Arch. Psychiat. Nervenkr. *91*, 474–475 (1930) (mit O. GAGEL).

Beitrag zum Werte fixierender orthopädischer Operationen bei Nervenkrankheiten. Festschrift P. HAGLUND. Acta chir. scand. *67*, 351–376 (1930).

The structural basis of traumatic epilepsy and results of radical operation. Brain *53*, 99–119 (1930) (with W. PENFIELD).

1931

Über das Phantomglied. Med. Klinik 27, 497–500 (1931). Ref. Zbl. ges. Neurol. Psychiat. *61*, 72 (1931).

Demonstration (Schles. Ges. vaterl. Kult. Breslau. 10. Juli 1931). Med. Klin. 27, 1367–1368 (1931).

Demonstration: Hintere Wurzeldurchschneidung bei Schmerzzuständen, etc. (Verein. südostdtsch. Neurol. Psychiat. Breslau. 23. Juli 1930). Klin. Wschr. *10*, 329 (1931).

Ein Fall von sogenanntem Gliom des Nervus opticus- Spongioblastoma multiforme ganglioides. Z. ges. Neurol. Psychiat. *136*, 335–366 (1931). Ref. Zbl. ges. Neurol. Psychiat. *62*, 589 (1932) (mit O. GAGEL).

La ventriculographie dans les tumeurs du mésocéphale, du diencéphale et dans les pseudotumeurs. Rev. neurol. *56*, 369–370 (1931).

Le processus opératoire dans les tumeurs de la région quadrigéminale. Rev. neurol. *56*, 481 (1931).

The results of electrical stimulation of the cortex cerebri in man, their relations to architectonic structure, to the results of experimental physiology and to clinical symptomatology. Abstr. under title: The cerebral cortex in man. Lancet 2, 309–312 (1931).

Surgical treatment of neurogenic contractures (20th Ann. Clin. Congr. Amer. Coll. Surg. Philadelphia. 13–17th Oct. 1930). Surg. Gynec. Obstet. *52*, 360–366 (1931). Ref. Zbl. ges. Neurol. Psychiat. *60*, 794 (1931).

Rede (1st Int. Neurol. Congr. Bern. 3. Sept. 1931). Publ. in: Bull. Hist. Med. *8*, 332–354 (1940).

1932

Die Vorderseitenstrangdurchschneidung beim Menschen. Eine klinisch-patho-physiologisch-anatomische
Studie. Z. ges. Neurol. Psychiat. *138*, 1–92 (1932). Ref. Klin. Wschr. *11*, 1561 (1932) (mit O. Gagel).

Ein Fall von Recklinghausenscher Krankheit mit fünf nebeneinander bestehenden verschiedenartigen
Tumorbildungen. Z. ges. Neurol. Psychiat. *138*, 339–360 (1932). Ref. Klin. Wschr. *12*, 400 (1933) (mit
O. Gagel).

Über die Beziehung von Vorstellung und Wahrnehmung bei Schädigung afferenter Leitungsbahnen. Z.
ges. Neurol. Psychiat. *139*, 658–693 (1932). Ref. Klin. Wschr. *12*, 163 (1933) (mit M. Loewi).

Ein Fall von Gangliocytom der Oblongata. Z. ges. Neurol. Psychiat. *141*, 797–823 (1932) (mit O. Gagel).

Ein Fall von Gangliogliom der Rautengrube. Z. ges. Neurol. Psychiat. *142*, 507–518 (1932). Ref. Zbl. ges.
Neurol. Psychiat. *67*, 448 (1933) (mit O. Gagel).

Die Bedeutung der Ventriculographie für die Diagnose der Tumoren des Mittel- und Zwischenhirns und
für die Differentialdiagnose zwischen Tumor cerebri und Pseudotumor cerebri (Int. Neurol. Kongr.
Bern. 1931). Zbl. ges. Neurol. Psychiat. *61*, 441–445 (1932).

Über das operative Vorgehen bei Tumoren der Vierhügelgegend (Int. Neurol. Kongr. Bern. Sept. 1931).
Zbl. ges. Neurol. Psychiat. *61*, 457–459 (1932).

Demonstration: Meningiome, etc. (Verein. südostdtsch. Neurol. Psychiat. Breslau. 2. Mai 1932). Klin.
Wschr. *11*, 1892–1893 (1932).

1933

Ein Fall von Ganglioneuroma amyelinicum des Hirnstammes. Z. ges. Neurol. Psychiat. *143*, 635–650
(1933) (mit A. J. McLean und O. Gagel).

Über afferente Nervenfasern in den vorderen Wurzeln. Z. ges. Neurol. Psychiat. *144*, 313–324 (1933).
Ref. Klin. Wschr. *12*, 1887 (1933) (mit O. Gagel).

Ein Fall von Gangliogliom der Regio hypothalamica. Z. ges. Neurol. Psychiat. *145*, 17–28 (1933). Ref.
Klin. Wschr. *12*, 1586 (1933) (mit A. J. McLean und O. Gagel).

Ein Fall von Gangliogliom des Bodens des dritten Ventrikels. Z. ges. Neurol. Psychiat. *145*, 29–37 (1933).
Ref. Klin. Wschr. *12*, 1586 (1933) (mit O. Gagel).

Zur Physiologie und Pathophysiologie der Sehnen- und Knochenphänomene und der Dehnungsreflexe.
I. Zur elektrophysiologischen Analyse der Sehnen- und Knochenphänomene bei Gesunden. Z. ges.
Neurol. Psychiat. *146*, 641–660 (1933) (mit H. Altenburger).

II. Die Dehnungsreflexe bei Gesunden. Ibid. *147*, 169–183. Ref. Klin. Wschr. *13*, 312 (1934) (mit H.
Altenburger).

III. Die Sehnen- und Knochenphänomene beim Pyramidenbahnsyndrom. Ibid. *147*, 779–790. Ref. Klin.
Wschr. *13*, 312 (1934) (mit H. Altenburger).

IV. Die Dehnungs- und Annäherungsreflexe beim Pyramidenbahnsyndrom. Ibid. *148*, 655–669 (mit H.
Altenburger).

V. Die Reflexsynergien beim Pyramidenbahnsyndrom. Ibid. *149*, 409–418 (mit H. Altenburger).

Ein Fall von Gangliocytoma dysplasticum des Kleinhirns. Z. ges. Neurol. Psychiat. *146*, 792–803 (1933)
(mit O. Gagel).

Nucleare Lähmungen bei anämischer funikulärer Spinalerkrankung und ihre Behandlung. Z. ges. Neurol.
Psychiat. *147*, 161–168 (1933). Ref. Klin. Wschr. *12*, 1784 (1933) (mit G. Hofheinz und L. Guttmann).

Ein Fall von Ganglienzellgeschwulst des Hirnstammes (N. caudatus). Z. ges. Neurol. Psychiat. *147*, 713
bis 745 (1933). Ref. Klin. Wschr. *13*, 1480 (1934) (mit O. GAGEL und A. J. McLEAN).

Ein Fall von Ependymcyste des III. Ventrikels. Ein Beitrag zur Frage der Beziehungen psychischer Störungen zum Hirnstamm. Z. ges. Neurol. Psychiat. *149*, 312–344 (1933). Ref. Klin. Wschr. *13*, 1292
(1934) (mit O. GAGEL).

Ansprache zur Eröffnung der 21. Jahresversamml. Ges. dtsch. Nervenärz. Wiesbaden. 22.–24. Sept. 1932.
Verh. Ges. dtsch. Nervenärz., 3–12 (1933); Dtsch. Z. Nervenheilk. *129*, 175–184 (1933).

Ansprache bei Überreichung der Erb-Denkmünze W. SPIELMEYER (21. Jahresversamml. Ges. dtsch.
Nervenärz. Wiesbaden. 23. Sept. 1932). Dtsch. Z. Nervenheilk. *130*, 1–3 (1933).

Demonstration: Messerstichverletzungen des Rückenmarks, etc. (Verein. südostdtsch. Neurol. Psychiat.
Breslau. 26. Nov. 1932). Klin. Wschr. *12*, 923 (1933).

Cerebrale Komplikationen bei Thromboangiitis obliterans. Arch. Psychiat. Nervenkr. *100*, 506–515
(1933). Ref. Klin. Wschr. *13*, 151 (1934) (mit L. GUTTMANN).

Veränderungen an den Endösen im Rückenmark des Affen nach Hinterwurzeldurchschneidung. Z. ges.
Anat. I. Z. Anat. EntwGesch. *101*, 553–565 (1933) (mit O. GAGEL und D. SHEEHAN).

Symptomatische Eingriffe am Nervensystem, insbesondere solche der Schmerzbekämpfung. Münch. med.
Wschr. *80*, 83–87 (1933). Ref. Zbl. ges. Neurol. Psychiat. *67*, 587 (1933).

Ueber einen Fall von Stichverletzung des Rückenmarkes, ein Beitrag zur Lehre von der Funktion der
medullären sensiblen Leitungsbahnen, insbesondere der Hinterstränge. Pp. 213–228 in: Volume
Jubilaire en l'Honneur du G. MARINESCO. Bucharest. E. Marvan (1933).

The dermatomes in man (Schorstein Lecture, London, 1932). Brain *56*, 1–39 (1933).

Mobile spasm of the neck muscles and its pathological basis. J. Comp. Neurol. *58*, 725–735 (1933).

1934

Zur Physiologie und Pathophysiologie der Sehnen- und Knochenphänomene und der Dehnungs- und
Adaptionsreflexe. VI. Die Sehnen und Knochenphänomene beim Pallidumsyndrom. Z. ges. Neurol.
Psychiat. *150*, 163–171 (1934) (mit H. ALTENBURGER).

VII. Die Dehnungs- und Annäherungsreflexe beim Pallidumsyndrom. Ibid., 588–596 (mit H. ALTEN-
BURGER).

Ein Fall von Ependymoma polycysticum des Kleinhirns. Z. ges. Neurol. Psychiat. *150*, 515–527 (1934).
Ref. Klin. Wschr. *14*, 514 (1935) (mit O. GAGEL).

Zentrale diffuse Schwannose bei Recklinghausenscher Krankheit. Z. ges. Neurol. Psychiat. *151*, 1–16
(1934). Ref. Klin. Wschr. *14*, 618 (1935) (mit O. GAGEL).

Die Diagnostik und Behandlung der Geschwülste des Großhirns. Klin. Wschr. *13*, 1737–1742 (1934).

Die tigrolytische Reaktion der Ganglienzelle. Z. mikr.-anat. Forsch. *36*, 567–575 (1934) (mit O. GAGEL).

Die operative Behandlung der Schußverletzungen der peripheren Nerven. Münch. med. Wschr. *81*, 1183
bis 1187 (1934).

Über die Bedeutung und Reichweite des Lokalisationsprinzips im Nervensystem (46. Kongr. Wiesbaden
1934). Verh. dtsch. Ges. inn. Med. *46*, 117–211 (1934). Ref. Klin. Wschr. *13*, 678 (1934).

1935

Elektrobiologische Vorgänge an der menschlichen Hirnrinde (22. Jahresversamml. Ges. dtsch. Nervenärz.
München. 1934). Dtsch. Z. Nervenheilk. *135*, 277–286 (1935) (mit H. ALTENBURGER).

Klinik und Pathohistologie der intramedullären Rückenmarkstumoren. Dtsch. Z. Nervenheilk. *136*, 239 (1935) (mit O. GAGEL).

Über Störung der Thermoregulation bei Erkrankungen des Gehirns und Rückenmarks und bei Eingriffen am Zentralnervensystem. Jb. Psychiat. Neurol. *52*, 1—14 (1935).

Der Schmerz und seine operative Bekämpfung. Nova Acta Leop. Carol. *3* (n.F.), 1—60 (1935).

1936

Zum Geleit. Zbl. Neurochir. *1*, 2—3 (1936).

Das Ependymom des Filum terminale. Zbl. Neurochir. *1*, 5—18 (1936) (mit O. GAGEL).

Zur Physiologie und Pathophysiologie der Sehnen- und Knochenphänomene und der Dehnungsreflexe. VIII. Die Sehnen- und Knochenphänomene und der Dehnungsreflex beim Cerebellarsyndrom. Z. ges. Neurol. Psychiat. *156*, 479—483 (1936) (mit H. ALTENBURGER).

Über die Anatomie, Physiologie und Pathologie der Pupillarinnervation (48. Kongr. Wiesbaden. 1936). Verh. dtsch. Ges. inn. Med. *48*, 386—398 (1936) (mit O. GAGEL und W. MAHONEY).

Symptomatologie der Erkrankungen des Rückenmarks und seiner Wurzeln. BUMKE u. FOERSTERs Handb. Neurol. *5*, 1—403 (1936).

Motorische Felder und Bahnen. BUMKE u. FOERSTERs Handb. Neurol. Springer-Verlag *6*, 1—357 (1936).

Sensible corticale Felder. BUMKE u. FOERSTERs Handb. Neurol. Springer-Verlag *6*, 358—448 (1936).

Übungstherapie. BUMKE u. FOERSTERs Handb. Neurol. Springer-Verlag *8*, 316—414 (1936).

The motor cortex in man in the light of Hughlings Jackson's doctrines. Brain *59*, 135—159 (1936).

A contribution to the study of gliomas of the spinal cord with special reference to their operability. Pp. 9—67 in: Jubilee Vol. for Davidenkov. Leningrad, State Inst. for Publ. Biol. and Med. Literature, 1936 (mit P. BAILEY).

1937

Die Tumoren der Brücke. I. Ein Fall von Astrocytom der Brücke. Z. ges. Neurol. Psychiat. *157*, 136—146 (1937) (mit P. C. BUCY [1], O. GAGEL [3] und W. MAHONEY [4]).

Vegetative Regulationen (49. Kongr. dtsch. Ges. inn. Med. Wiesbaden. 1937). Verh. dtsch. Ges. inn. Med. *49*, 165—187 (1937) (mit O. GAGEL und W. MAHONEY).

Spezielle Physiologie und spezielle funktionelle Pathologie der quergestreiften Muskeln. BUMKE u. FOERSTERs Handb. Neurol. Springer-Verlag *3*, 1—639 (1937).

1938

Ein Fall von Hämatomyelie des oberen Halsmarkes. Zbl. Neurochir. *3*, 321—329 (1938).

Aussprache: Über das Chiasmasyndrom. Dtsch. med. Wschr. *64*, 188—190 (1938).

Die Hirntumoren und ihre moderne Diagnostik und Therapie. Neue dtsch. Klinik *16*, 44—64 (1938) (Ergänzungsbd. 6).

Über die Wechselbeziehungen von Herdsymptomen und Allgemeinsymptomen beim Hirntumor. Verh. dtsch. Ges. inn. Med. *50*, 458—485 (1938).

1939

Ein Fall von Agenesie des Corpus callosum verbunden mit einem Diverticulum paraphysarium des Ventriculus tertius. Z. ges. Neurol. Psychiat. *164*, 380—391 (1939).

Das umschriebene Arachnoidealsarkom des Kleinhirns. Z. ges. Neurol. Psychiat. *164*, 565—580 (1939).
Zusfssg. Arch Neurol. Psychiat., Chicago, *42*, 1147—1148 (1939) (mit O. GAGEL).
Die Astrocytome der Oblongata, Brücke und des Mittelhirns. Z. ges. Neurol. Psychiat. *166*, 497—528
(1939) (mit O. GAGEL).
Überreichung der Erb-Denkmünze an ERNST RÜDIN und HEINRICH PETTE. Z. ges. Neurol. Psychiat. *167*,
6—8 (1939).
Operativ-experimentelle Erfahrungen beim Menschen über den Einfluß des Nervensystems auf den Kreis-
lauf. Verh. dtsch. Ges. inn. Med. *51*, 253—275 (1939). Z. ges. Neurol. Psychiat. *167*, 439—461 (1939).
Thyreogene intrarachideale Geschwülste. Zbl. Neurochir. *4*, 198—214 (1939).
HARVEY CUSHING. Zbl. Neurochir. *4*, 195—197 (1939).
Die topische Tumordiagnostik, Herdsymptome des Hirntumores. Neue dtsch. Klinik *16*, 260—299 (1939)
(Ergänzungsbd. 6).
Tumorartdiagnostik, Röntgendiagnostik, Hirnpunktion, Lumbalpunktion. Neue dtsch. Klinik *16*, 449 bis
468 (1939) (Ergänzungsbd. 6).
Die encephalen Tumoren des verlängerten Markes, der Brücke und des Mittelhirns. Arch. Psychiat.
Nervenkr. *110*, 1—74 (1939) (mit O. GAGEL und W. MAHONEY).

1940

Die encephalen Tumoren der Oblongata, Pons und des Mesencephalons. III. Z. ges. Neurol. Psychiat. *168*,
295—331 (1940) (mit O. GAGEL) IV. Ibid., 492—518.

7a   Zülch, Otfrid Foerster

„Erst 1932 ... hat ihm die Rockefeller Stiftung ein modernes Institut gebaut, das von der Stadt Breslau, der schlesischen Provinz und der Universität gleichzeitig getragen wurde ..."

... „Die enge Beziehung zu den Angelsachsen ergab sich für FOERSTER als Wahlverwandtschaft auch aus der wissenschaftlichen Thematik heraus ..."

oben: ADSON † (Mayo-Clinic), FOERSTER
... ganz rechts E. KAHN (Ann Arbor)

unten: O. GAGEL — O. FOERSTER — J. F.
FULTON † (Yale University) — M. KEN-
NARD

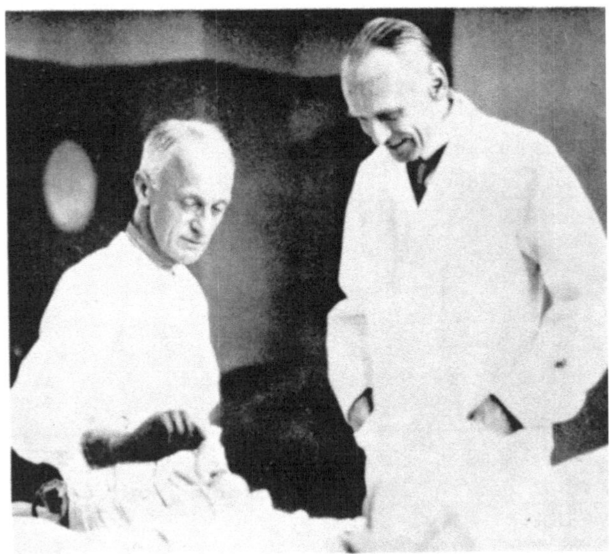

. . . „der Aufenthalt 1930 an der Cushing'schen Klinik, wobei er zum ‚Chefchirurgen pro tempore' ernannt wurde, . . . änderte seine Operationsweise nicht . . .“

... „Diese bis ins kleinste durchgeführte Tumortypologie ist HARVEY CUSHINGs Lebenswerk, grandios, nicht nur vom rein pathologischen, sondern vor allem vom praktisch-therapeutischen Standpunkt" ... (FOERSTER anläßlich von CUSHINGs 70. Geburtstag)

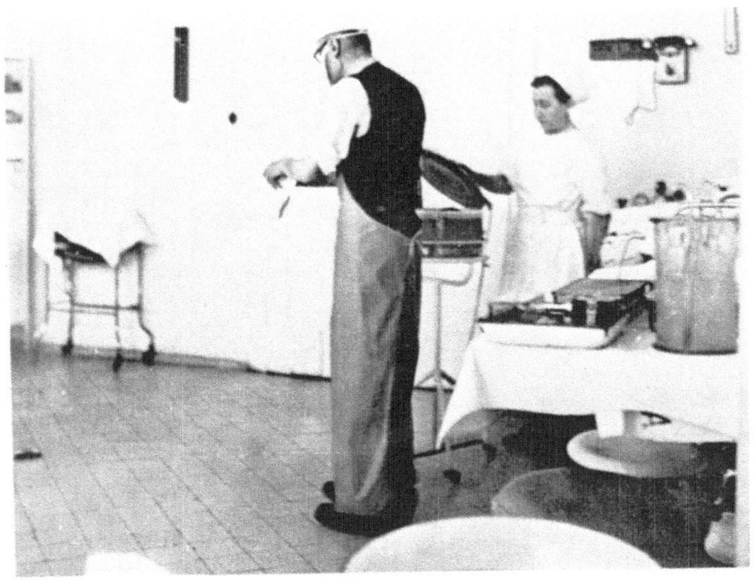

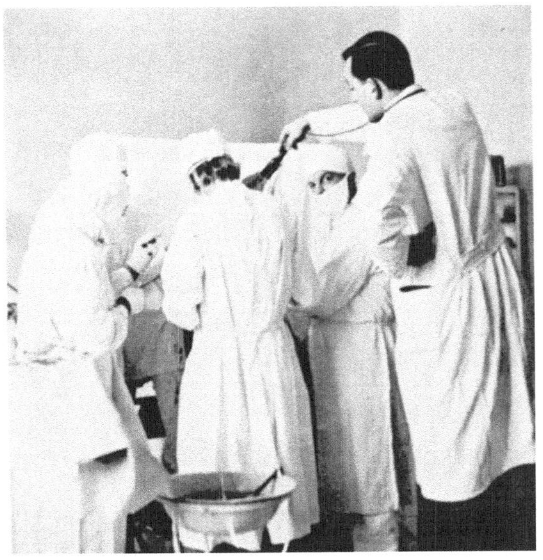

... „er arbeitete weiter ohne Silberklammern, ohne elektrischen Bohrer,
ohne Sauger und ohne Diathermie mit
einer manchmal geradezu hinderlichen
Lagerung der Patienten auf dem alten
Operationstisch . . .“

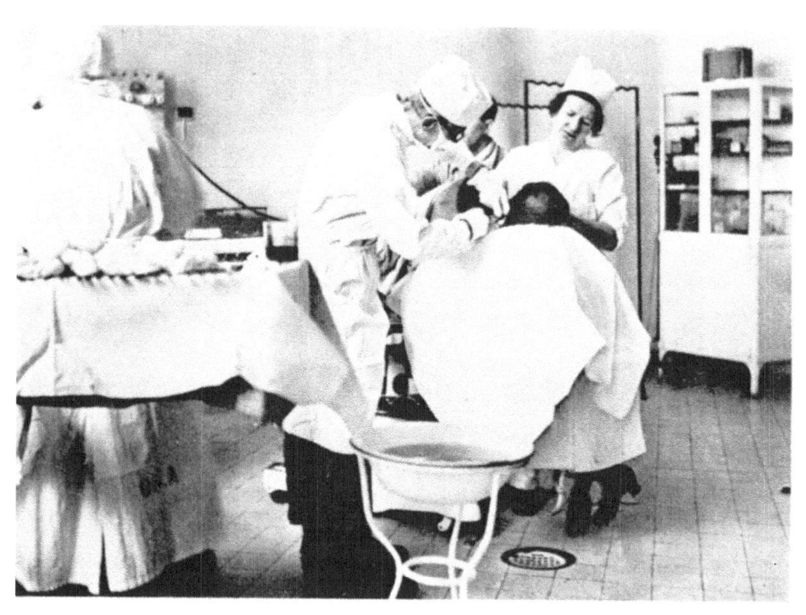

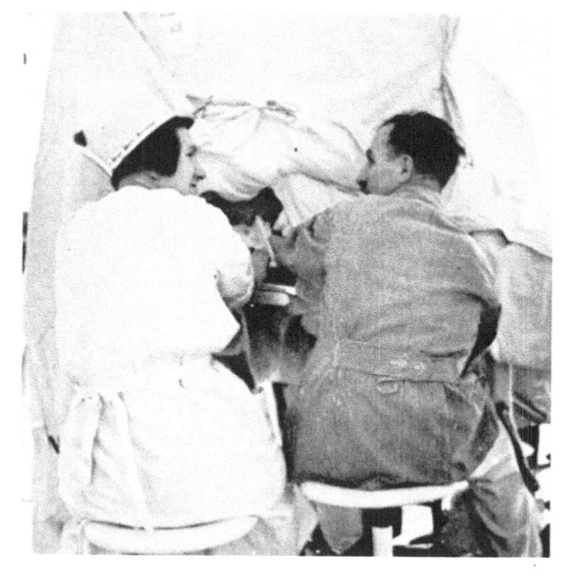

Breslau
Kohenlohestr 11
18 V 35

Dear Doctor Kahn,

Many thanks for your letter
of May 8th. I have performed the splanchnic nerve
sections June 1924. I resected in addition to the both Splanchnic nerve the 6 – 10 th ganglia
of the sympathetic chain.
I exposed the thoracic sympathetic chain and the Splanchnic nerve by removing
the transversal processes of
the corresponding vertebrae
and the capitula of the ribs.
The pleura was carefully
pushed aside . I performed

the operation on both sides
Note that I resected but
both major splanchnic
nerves, not the minor
splanchnics. (11. 12. R.).

I am sorry to say that
I can not give you the
reference of Jean's pa-
per. It is so long ago
that I wrote that book
on pain and I do not
remember in which jour-
nal Jeans paper is
published.
Cordial greetings to
N Peet and to your-
self.

Yours always
sincerely
Alfred Foerster

Beschreibung der erstmaligen doppelseitigen Resektion der N. splanchnici maiores und der 6.–10. Brustganglien der Sympathicuskette in einem Brief an Dr. E. KAHN (Ann Arbor-Michigan)

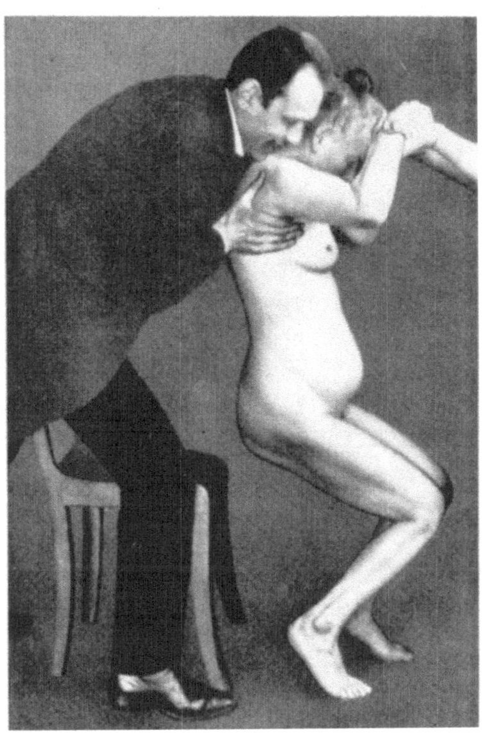

... FOERSTER wird zum Meisterphotographen der Neurologie. Das Bild des Vierzigers ist uns so vielfach bewahrt geblieben, wie er die Kranken festhält und lenkt, wie ein Künstler sein Cello. Nie wieder war der Eifer und die Lebensfülle in seinem feingeschnittenen noch jugendlichen Gesicht so unberufen glücklich zu lesen wie damals ..."

... „Um die Erinnerung an Otfrid Foerster wachzuhalten, stiftete die Deutsche Gesellschaft für Neurochirurgie die Otfrid-Foerster-Medaille mit einer Gedächtnisvorlesung . . .“
(Abbildung des verloren gegangenen Originals der späteren Foerster-Medaille)